学规程 反违章

——电网典型违章案例分析与防范

刘丙江 孙云帆 编著

中国电力出版社
CHINA ELECTRIC POWER PRESS

内 容 提 要

本书是为配合《国家电网公司电力安全工作规程（变电部分）》和《国家电网公司电力安全工作规程（线路部分）》的宣传贯彻而编写的，选录了近年来国家电网公司系统发生的 50 起事故案例，其中人身触电死亡事故 25 例，倒杆致人死亡事故 7 例，变电站误操作事故 6 例，高处坠落人身死亡事故 5 例，人员灼伤事故 3 例，物体打击事故 2 例，接地跳闸事故 1 例，违章施工造成铁路运行中断事故 1 例。案例紧扣规程，从管理和技术两个层面对事故进行分析。本书旨在进一步加深对违章行为危害性的认识，提高员工反违章的自觉性和安全意识。

本书可供电力系统广大职工阅读，也可作为安全教育的警示教材。

图书在版编目（CIP）数据

学规程　反违章：电网典型违章案例分析与防范 / 刘丙江，孙云帆编著. —北京：中国电力出版社，2017.2（2018.6重印）
ISBN 978-7-5123-9768-2

Ⅰ. ①学⋯　Ⅱ. ①刘⋯　②孙⋯　Ⅲ. ①电力工业－安全事故－事故分析　②电力工业－安全事故－预防
Ⅳ. ①TM08

中国版本图书馆 CIP 数据核字（2016）第 220089 号

中国电力出版社出版、发行
（北京市东城区北京站西街 19 号　100005　http://www.cepp.sgcc.com.cn）
三河市航远印刷有限公司印刷
各地新华书店经售

*

2017 年 2 月第一版　2018 年 6 月北京第三次印刷
710 毫米×980 毫米　16 开本　14 印张　234 千字
印数 4001—6000 册　定价 **45.00** 元

前　言

随着电网生产技术的快速发展，特别是跨区±500kV 直流输电工程、750kV 交流输电工程、1000kV 特高压交流试验示范工程投入运行，2005 版的《电力安全工作规程》在内容上已经不能满足电力安全工作的实际需要。因此，国家电网公司组织对 2005 年版的《电力安全工作规程》进行了修编，增补了±500kV 直流输电部分、750kV 交流部分、1000kV 特高压交流部分等相关内容，同时对 2005 年版的《电力安全工作规程》中的一些难点进行修改、完善，保持了其适时性、实用性、全面性。《国家电网公司电力安全工作规程（变电部分）》和《国家电网公司电力安全工作规程（线路部分）》于 2009 年 7 月 6 日发布，自 2009 年 8 月 1 日起执行，原 2005 年版规程同时废止。

为了配合国家电网公司《国家电网公司电力安全工作规程（变电部分）》和《国家电网公司电力安全工作规程（线路部分）》的宣传贯彻，特编写了《学规程　反违章——电网典型违章案例分析与防范》一书。本书选录了近年来国家电网公司系统发生的 50 起事故案例，其中人身触电死亡事故 25 例，倒杆致人死亡事故 7 例，变电站误操作事故 6 例，高处坠落人身死亡事故 5 例，人员灼伤事故 3 例，物体打击事故 2 例，接地跳闸事故 1 例，违章施工造成铁路运行中断事故 1 例。这些案例虽然形式各异、表现多样，但所造成的结果是同样残酷的，具有一定的普遍性和典型性。

违章是安全生产的不稳定因素，反违章是安全生产的永恒主题。通过对 50 个典型违章案例的剖析可以发现，事故的发生都是由于不同形式的违章行为（违章指挥、违章作业）造成的，进一步验证"违章指挥等于杀人、违章作业等于自杀"和"违章就是事故之源、伤亡之源"，进一步证明在电力企业大力开展反违章活动的必要性和紧迫性。本书选录的案例紧扣规程，从管理和技术两个层面对事故进行分析，并提出了防范事故发生的管理、技术措施，希望能对防止电网事故和人身伤害事故、确保电网安全和员工安全发挥积极作用。

《国家电网公司电力安全工作规程（变电部分）》和《国家电网公司电力安全工作规程（线路部分）》是很多人用鲜血和生命换来的，前事不忘，后事之师。本书的编写，旨在能通过对这些典型案例的分析，提高电力企业员工执行《国家电网公司电力安全工作规程（变电部分）》和《国家电网公司电力安全工作规程（线路部分）》的自觉性，提高安全意识，杜绝此类事故的再次发生。本书可供电力系统广大职工阅读，也可作为安全教育的警示教材。

限于编者水平，书中不妥和遗漏之处在所难免，恳请读者批评指正。

编　者

目 录

第一部分
人身触电死亡事故

> 违章作业，工作现场保留带电线路，施放的导线与带电线路摩擦，造成触电群亡群伤事故。

案例 ①

放线与带电导线相摩擦　触电群亡群伤责任重大

＋ 学规程

《国家电网公司电力安全工作规程（线路部分）》

5.2.2 条规定：邻近带电的电力线路进行工作时，有可能接近带电导线，应采取有效措施，使人体、导线、施工机具等与带电导线符合表 5-2 安全距离规定（10kV 及以下为 1.0m）。

2.5.1 条规定：工作许可手续完成后，工作负责人、专责监护人应向工作班成员交代工作内容、人员分工、带电部位和现场安全措施，进行危险点告知，并履行确认手续，装完工作接地线后，工作班方可开始工作。工作负责人、专责监护人应始终在工作现场，对工作班成员的安全进行认真监护，及时纠正不安全的行为。

2.5.2 条规定：专责监护人不准兼做其他工作。

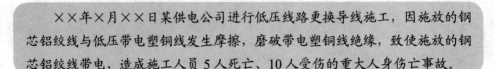

　　××年×月××日某供电公司进行低压线路更换导线施工，因施放的钢芯铝绞线与低压带电塑铜线发生摩擦，磨破带电塑铜线绝缘，致使施放的钢芯铝绞线带电，造成施工人员 5 人死亡、10 人受伤的重大人身伤亡事故。

一、事故经过

　　××年××月××日，某供电公司装表计量班、线路检修班按照计划对××一组支线 1～9 号杆、××四组分支线 1～4 号杆进行低压线路改造。工作前装表计量班在工作负责人李×的监护下，由工作班成员汪×登上兴隆一组支线 1 号杆，带电断开中街公用变压器低压 4 号台区与 1 号杆连接的塑铜线，并用黑色绝缘胶布包好固定在 1 号杆上。

6 时 30 分左右，线路检修班到达现场后，装表计量班工作负责人李×与线路检修班黄×进行了工作交接，由线路检修班负责兴隆一组支线 1～9 号杆旧导线的拆除和新导线的架设工作。黄×安排钟××到 1 号杆重新用白色绝缘胶布将带电的塑铜线线头包好，并负责看护。放线采用旧线带新线的方法，首先更换 A、C 两相（两根边线）。9 时 40 分，紧固好新更换的 A、C 两相导线时，下起了雷阵雨，工作负责人黄×通知全体工作人员避雨休息。10 时 50 分雨停后，黄×通知全线复工，用另一根旧导线牵引 B 相和中性线新导线（中间两根）。在放线过程中又下起了大雨，但施工没有因雨中断。11 时 40 分左右当 B 相和中性线两根导线拖放至支线 7～8 号杆之间时，由于在恢复施工后不久钟××擅自下了支线 1 号杆，小组负责人徐×也离开支线 1 号杆参加拖线工作，以致未能发现钟××擅自下杆的行为，致使正在施放的 B 相新导线与支线 1 号杆上带电的塑铜线发生摩擦的情况未能及时发现并得到处理，使带电绝缘导线的绝缘层被磨破，导致正在施放的两根导线同时带电，造成拖线的施工人员和在支线 1 号杆附近线盘处送线的施工人员触电。

事故发生后，现场未触电和轻微触电的施工人员立即采取了紧急施救措施。在支线 1 号杆放线处，现场施工人员立即用扁担挑开导线使触电者脱离了电源，并随即对触电昏迷者采用人工呼吸等方法进行了抢救，同时拨打 120 呼救电话；在支线 4～5 号杆上工作的人员用绝缘钳剪断了施放的两根导线，使尾端导线断开了电源；在支线 7～8 号杆之间的位置，黄×立即组织人员紧急采用安全带将带电导线拖离触电者，使触电者尽快脱离了电源。120 接到呼救后，医务人员 10min 内赶到了现场，对触电者进行抢救。至 12 时 30 分医务人员宣布 5 名施工人员死亡，10 名受伤人员送到县人民医院救治。

紧急抢救之后，钟××登上支线 1 号杆检查了导电电源点，判明确是支线 1 号杆的问题后，用扁担将施放的新导线挑离了带电的塑铜线并对磨破处进行了绝缘处理。

二、事故原因

（1）施工严重违章。违反《电力安全工作规程（线路部分）》5.2.2 的规定。未将 1 号杆上线路停电，使施放导线的 1 号杆上保留有电源。

（2）施工措施不当。施工中没有采取可靠的预防施放导线与带电的塑铜线相摩擦的措施。新施放的 B 相钢芯铝绞线与 1 号杆上 A 相带电的塑铜线发生摩擦，磨破绝缘，导致施放的钢芯铝绞线 B 相带电，使赤脚在水田中拖线的工作人员触电。

（3）工作班成员擅自离岗。钟××未向工作负责人请示而自行离开，未发现施放的导线与带电的塑铜线发生摩擦。

（4）拖线的农民工劳动保护不到位。当天施工地点在水田中，大部分作业人员打着赤脚在水田中工作。发生触电时，带电导线—人体—大地形成导电通道，电流大于人体的摆脱阈值，致使多人触电死亡。

三、事故暴露出的问题

（1）在领导层方面。一是贯彻落实国家电网公司关于加强安全生产工作的部署和要求不到位，特别是在开展"爱心活动"、实施"平安工程"上存在表面化和形式化；二是安全生产责任制落实不到位，在抓安全管理上存在作风不实、精力不集中、工作浮躁的现象；三是存在领导干部高高在上现象，深入基层、深入一线、对安全生产调查分析研究不够，特别是没有认真吸取近两年来安全事故的深刻教训，安全形势严峻的局面没有得到扭转；四是缺乏对安全预防和控制的超前研究，特别是对人员伤亡事故的防范不够，造成了工作的被动；五是习惯于自上而下单向式提出原则要求，简单传递，没有形成上下互动机制；六是在直供区农电管理"一体化"后，对农村电网的安全问题重视和研究不够，存在管理职责不清、安全管理不到位的问题；七是对重特大事故的应急处理重视不够，运转机制不完善。

（2）在管理层方面。一是安全管理的深度不够，安全管理粗放，没有实现精细化管理，现场标准化作业开展不够，安全管理的要求和标准层层打折扣没有完全落实，一些明令禁止的违章至今也没有完全杜绝；二是安全管理的广度不够，没有实现"全员、全面、全过程、全方位"的安全管理，特别是对农网安全管理的规律性把握不全面，安全管理存在"死角"；三是安全管理的力度不够，存在考核不严、处罚不力的现象，对现场习惯性违章监督查处不力，违章行为没有得到根本遏制；四是安全管理不实，安全管理与生产实际脱节，对生产班组的安全监督、检查、指导不够；五是对农网改造中聘用的临时工和农民工缺乏有效的管理。

（3）在作业层方面。一是少数员工缺乏强烈的自我保护意识和责任心，工作中的随意性较强；二是有的员工素质不高，安全技能差，不熟悉业务和安全规程；三是有的员工对规章制度置若罔闻，存在"执行疲劳"现象，长期违章作业；四是安全学习流于形式，走过场，没有结合实际进行深入讨论，实际效果不明显。

（4）施工人员安全意识淡薄，规章制度不落实，习惯性违章严重。不严格执行工作票制度、工作许可制度、工作监护制度和工作间断制度，未根据现场实际情况制定有效的停电措施；线路改造工作未使用工作票，未认真组织危险点分析；派工单上安全措施未充分考虑实际情况，安全措施不明确，现场安全措施未得到落实，未在分支线、下户线处验电并装设接地线。工作监护人等关键岗位人员自身工作要求不高、管理不严，施工过程中，第一小组负责人（监护人）擅自离开工作现场，没有起到把关作用。

（5）对安全生产的重要性和复杂性认识不足，安全生产责任制没有得到有效落实，没有真正解决好影响安全生产各个环节存在的问题，农电安全工作有关规定和要求落实不到位，农电安全管理工作不严、不细、不实，安全生产基础薄弱。

（6）没有认真落实安全生产技术管理制度，施工计划、措施存在缺陷。项目部门未认真组织施工班组进行现场查勘，未组织编制标准化作业卡，未根据现场实际情况编制有针对性的切实可行的施工方案措施，施工计划、措施审核、批准流于形式，审核人、批准人未提出有效的改进意见，制定的安全措施与现场实际严重脱节。施工计划措施未对 1 号杆断开后带电绝缘线采取可靠保护措施或隔离措施。

（7）施工现场管理混乱，施工准备不充分。未编制切实可行的施工工期计划和材料计划，施工前未对全体施工人员进行全面安全技术交底，布置施工任务后，未对项目进行全过程监管。施工人员对现场不完善的安全措施视而不见，不能发现并指出施工中存在的潜在危险。现场组织者违章指挥，施工人员违章作业，两个施工班组之间安全职责不清，施工人员混用，施工过程中盲目抢工期。对参与作业的临时工管理不到位、使用不按规定履行手续。

（8）安全培训缺乏针对性。职工安全素质及专业技能难以满足工作要求，职工培训针对性和实效性不强，没有真正使职工将安全制度、要求入脑、入心，"三不伤害"意识不强。

（9）安全监管不到位，安全监督力量不足，安全监督不能发挥作用。施工班组不按规定上报施工计划，监督管理部门不跟踪施工项目，施工项目信息管理失控，不能有效对重大施工项目进行监督检查。

四、防范措施

（1）深刻吸取事故教训，从领导层深刻剖析事故的原因，重点解决领导层对安全生产的认识问题、抓安全管理的作风问题、管理方式的粗放问题。重点抓好安全生产思想大讨论、安全工作大调研，加大反违章工作力度，完善安全管理制度，加强生产一线人员和农电人员培训。研究不同用工方式的安全管理，推进安全文化建设，完善重大紧急突发事件的应急处理预案。

（2）紧密联系该事故及国家电网公司系统人身伤亡和人员责任事故案例，紧密联系安全生产实际，掌握员工的思想动态，进行学习整顿。充分认识安全工作的极端重要性，充分认识领导层、管理层和作业层存在的诸多问题，充分认识安全生产是一项系统工程，不能就安全抓安全，必须全员、全面、全过程、全方位来抓。

（3）分层次、按职能认真开展安全生产大检查。领导层重点查思想认识、查精神状态、查责任落实、查工作方法；管理层重点查管理方式、查《国家电网公司电力安全工作规程（线路部分）》的宣传贯彻、查考核落实；作业层重点查安全意识、查《国家电网公司电力安全工作规程（线路部分）》的学习和执行、查业务技能。各职能部门结合实际开展安全问题大排查，深刻反省违章产生的根源。安监部门重点查安全制度建设和安全监督管理；农电部门重点查农电安全管理薄弱环节；工程部门重点查施工现场安全管理；生技部门重点查标准化作业、带电作业和大修、技改工程；调度部门重点查电网安全隐患；招投标部门重点查设备采购对安全生产的影响；营销部门重点查现场校验、装表、接电的安全风险点；规划部门重点查电网规划对电网安全的影响；信息部门重点查信息安全；干部部门重点查领导班子建设，人事部门重点查职工教育培训、人力资源配置、管理体制和用工机制；思想政治工作部门重点查员工的思想动态和安全文化；新闻部门重点查安全宣传；工会重点查劳动保护；后勤部门重点查后勤保障体系建设。

（4）加强农电安全管理工作。一是用两个月时间开展农电安全大检查，以防止人身触电事故为重点，全面推进"五查一落实"（一查领导安全责任制落实情况，二查关键岗位、关键人的素质，三查安全工器具的管理，四查现场作业实施情况，五查"两票"执行情况；落实检修、施工现场"三防十要"反事故措施），认真查找安全隐患，扎实开展"反六不（反电气作业不办工作票、反作业前不交底、反施工现场不监护、反电气作业不停电、反电气作业不验电、反电气作业不装设接地线）"严重违章行为；二是将农村中低压配网工作全部纳入标准化管理范畴，全方位推广实施；三是加强农村低压电网工程施工现场的监督检查，确保现场危险作业可控、在控；四是加强工程发包、分包和临时工安全管理；五是加强农电安全管理制度建设，规范工作流程和工作标准；六是有针对性地开展农电培训和考试工作，重新对农电系统的"三种人（工作票签发人、工作负责人、工作许可人）"进行考试，不合格者取消聘用资格；七是理顺公司直管供电单位农电安全管理关系，加强城乡接合部的农电安全管理工作，进一步明确各级主要领导的安全职责；八是健全各级农电安全监督管理机构，配备相应的专职安全监督管理人员，将安全监督责任真正落实到位。

（5）加大反违章工作力度，坚持以人为本，切实防范人员责任事故。一是始终坚持把安全生产放在一切工作的首位，提高认识，加强领导，落实责任；二是始终坚持把防止人员责任事故作为安全生产的重点，从查找、防范、控制危险点入手，实行人为失误预控；三是始终坚持把规范作业人员行为作为安全风险防范的前提，通过员工的行为安全保障人身安全；四是始终坚持把夯实基础作为安全生产管理的重心，抓基层，打基础，练基本功；五是始终坚持把严格管理作为安全生产管理的基本要求，坚持用"三铁反三违（以铁的制度、铁的面孔、铁的处理；反违章指挥、违章作业、违反劳动纪律）"，宁听骂声，不听哭声；六是始终坚持把教育培训作为确保安全生产的关键，不断提升员工业务技能，自觉遵守安全规程；七是加强反违章督查组力量，加大违章曝光和惩处力度，充分发挥报纸、电视、网站等内部新闻媒体的作用，宣传遵章典型，曝光违章行为。

（6）举一反三，开展管理性违章自查自纠。一是坚决改变管理工作中存在的管理方式不细、绩效考核不严、工作作风不硬、精神状态不佳、工作指导不力等问题，切实转变工作作风，居危思进，求真务实，严谨严格，敬业奉献，筑牢反管理性违章的思想防线；二是加强制度建设，建立反管理性违章的制度保障，清理、完善现有制度，建立公司制度体系，狠抓制度执行，加强检查和考核，确保制度执行到位；三是改进工作方法，加强调查研究，加强督查督办，加强统筹协调，加强业务指导，形成闭环管理，建立反管理性违章的有效机制。

（7）深入开展"爱心活动"，实施"平安工程"，促进安全文化建设。一是立足公司安全生产和各方面工作的实际，加强活动的针对性，注重活动的有效性，突出活动的特色，使"爱心、平安理念"深入人心，并转化为职工从事安全工作的自觉行动；二是始终坚持把深化"爱心活动"、实施"平安工程"作为确保安全生产的重要保障，突出"保护人的生命、杜绝责任事故"的主题，把工作的重心放到基层、车间、班组和现场，加大安全生产的宣传力度，树立"爱心理念"和"平安理念"，营造"珍惜生命、保证平安、促进和谐"的安全文化氛围；三是始终坚持把构建"大安全"格局作为确保安全生产的必要手段，党政工团齐抓共管，确保"员工平安、电网平安、队伍平安、企业平安"。

（8）从事此类作业，作业的杆塔上不得保留带电的线路并且要确保施工作业区域与带电部分有明显、可靠的断开点，并按规定填写工作票，工作前应进行验电、挂接地线，做好其他安全措施之后才能开始工作。

（9）在邻近带电的电力线路进行工作时，应采取有效措施，使人体、导线、施工机具等与带电导线保持安全距离，并派专人看守，看守人员不得擅自离开。

（10）加强现场工作人员的劳动防护，在条件特殊的场所作业时，工作人员应穿戴必要的防护用品，并保证防护用品的完好。

违章作业，忽视改进塔型的尺寸变化，事前未按规定进行海拔组合间隙验算，带电作业绝缘软梯挂点选择不当，造成触电高空坠落人身死亡事故。

案例②

带电作业违规章　触电坠落一命亡

学规程

《国家电网公司电力安全工作规程（线路部分）》

10.1.1 条规定：在海拔 1000m 以上（750kV 为海拔 2000m 以上）带电作业时，应根据作业区不同海拔，修正各类空气与固体绝缘的安全距离和长度、绝缘子片数等，并编制带电作业现场安全规程，经本单位分管生产领导（总工程师）批准后执行。

10.3.4 条规定：等电位作业人员在绝缘梯上作业或者沿绝缘梯进入强电场时，其与接地体和带电体两部分间隙所组成的组合间隙不准小于表 10-5 的规定（未经海拔验算 330kV 为 3.1m）

2.3.11.2 条规定：工作负责人（监护人）安全责任：①正确安全地组织工作；②负责检查工作票所列安全措施是否正确完备，是否符合现场实际条件，必要时予以补充；③工作前对工作班成员进行危险点告知、交代安全措施和技术措施，并确认每一个工作班成员都已知晓；④严格执行工作票所列安全措施；⑤督促、监护工作班成员遵守本规程、正确使用劳动防护用品和执行现场安全措施；⑥工作班成员精神状态是否良好，变动是否合适。

　　××年×月×日，某供电公司送电工区带电班在等电位作业处理 330kV 3033×× 二回线路缺陷过程中，发生触电高空坠落人身死亡事故，造成 1 人死亡。

一、事故经过

××年×月×日，某供电公司送电工区安排带电班带电处理 330kV 3033×× 二回线路 180 号塔中相小号侧导线防振锤掉落缺陷（该缺陷于 2 月 6 日发现）。办理了电力线路带电作业工作票（编号为 2007-02-01），工作票签发人王××，工作班人员有李××（死者，工作负责人，男，28 岁，工龄 9 年，带电班副班长）、专责监护人刘××等共 6 人，工作地点在青山堡滩，距河清公路约 5km，作业方法为等电位作业。

14 时 38 分，工作负责人向地调调度员提出工作申请，14 时 42 分，地调调度员向省调调度员申请并得到同意。14 时 44 分，地调调度员通知带电班可以开工。

16 时 10 分左右，工作人员乘车到达作业现场，工作负责人李××现场宣读工作票及危险点预控分析，并进行了现场分工，工作负责人李××攀登软梯作业，王××登塔悬挂绝缘绳和绝缘软梯，刘××为专责监护人，地面帮扶软梯人员为王×、刘×，其余 1 名为配合人员。绝缘绳和绝缘软梯挂好，检查牢固可靠后，工作负责人李××开始攀登软梯，16 时 40 分左右，李××登到距梯头（铝合金）0.5m 左右时，导线上悬挂梯头通过人体所穿屏蔽服对塔身放电，导致其从距地面 26m 左右跌落到铁塔平口处（距地面 23m）后坠落地面（此时工作人员还未系安全带），侧身着地。地面人员摸到李××还有微弱脉搏，现场人员立即对其进行现场急救，并拨打电话向当地 120 和工区领导求救。由于担心 120 救护车无法找到工作地点，现场人员将李××抬到车上，一边向××清公路行驶，一边在车上实施救护。

17 时 12 分左右，与 120 救护车在××公路相遇，由医护人员继续抢救。17 时 50 分左右，救护车行驶至市第一人民医院门口时，李××心跳停止，医护人员宣布放弃抢救。

二、事故原因

本次作业的 330kV 3033×× 二回线路铁塔为 ZMT1 型由 ZM1 型改进，中相挂线点到平口的距离由原来的 10.32m 压缩到 8.1m；档窗的 K 接点距离由 9.2m 增加到 9.28m；两边相的距离由 17m 压缩到 13m（ZMT1 塔在北京良乡铁塔试验场通过真型试验）。但由于此次作业忽视改进塔型的尺寸变化，事前未按规定进行组合间隙验算。作业人员沿绝缘软梯进入强电场作业，绝缘软梯挂点选择不当造成安全距离不能满足《国家电网公司电力安全工作规程（线路部分）》等电位作业最小组合间隙及

《甘肃省电力系统带电作业现场安全工作规程》的规定（2002 年 12 月制定，经海拔修正后金昌地区应为 3.4m）。在该铁塔无作业人时最小间隙距离约为 2.5m，作业人员进入后组合间隙仅余 0.6m，是导致此次事故发生的主要原因。

三、事故暴露的主要问题

（1）工作审批把关不严。未针对塔型尺寸的变化，制定相应的带电作业工作方案；带电作业属高危险工作，在思想上未引起高度重视，仅当成一般的检修工作进行安排，有关管理人员及技术人员均未到现场监督指导。

（2）工作票填写不全面、执行不严格。一是工作票所列工作条件未涉及"等电位作业的组合间隙"以及"工作人员与接地体的距离"，重点安全措施漏项；二是工作条件中所列的安全距离均未按海拔进行修正；三是列入工作票的安全措施在工作现场未严格执行；四是工作票的办理、职责履行不严肃、不认真。

（3）工作组织不严谨。一是未进行现场查勘，没有对现场接线方式、设备特性、工作环境、间隙距离等情况进行分析；二是未确定作业方案、方法和制定必要的安全技术措施；三是工作负责人违反《国家电网公司电力安全工作规程（线路部分）》规定，直接参与工作，专责监护人未尽到监护职责。

（4）缺陷管理不规范。对于防振锤掉落的一般性缺陷，当作紧急缺陷处理；对于可通过配合线路计划检修停电处理的缺陷，却采取高风险性的带电作业进行处理。缺陷分类和分级管理的要求落实执行不到位。

（5）安全预控措施流于形式。一是本次作业未制定作业指导书；二是虽然进行了危险点分析，使用了危险点分析卡，但控制措施中未涉及"等电位作业的组合间隙"以及"工作人员与接地体的距离"，防止高空坠落的控制措施并未执行，危险点分析预控流于形式。

（6）职工安全生产培训不到位。一是安全意识培训不到位，所有工作人员在对塔型基本参数不了解、此种作业方法能否在该塔型上开展不清楚的情况下冒险蛮干，工作中多处不满足规程要求，现场无一人提出异议并制止；二是带电作业针对性培训不强，一些工作人员对于组合间隙的概念和如何在工作过程中落实均不清楚；三是工作票中 4 种人（工作票签发人、工作负责人、工作许可人、专职监护人）都未尽到安全职责，不具备担当本岗位工作的基本技能，暴露出重点人员的培训流于形式，考试把关不严。

（7）安全管理的执行力欠缺。事故反映出领导层没有将"安全第一、预防为主"的方针贯穿到企业各项工作的始终，只注重工作总体安排，不注重工作整体组织以及工作过程监控和考核；管理层忙于事务性工作和一般性要求，不加强对过程的指导检查和细化布置，重点工作安排不突出、敷衍了事，对现场和班组管理流于形式、疏于管理；执行层对最基本的"两票三制"（工作票、操作票，交接班制、巡回检查制、设备定期试验轮换制）、危险点分析等措施不落实不执行，习惯性违章屡禁不止。

（8）相对稳定的安全生产局面，导致盲目乐观，安全忧患意识降低，管理有所放松。没有充分认识到安全生产基础依然薄弱，忽视了安全生产的长期性和艰巨性。一些单位对安全生产工作不能集中精力，不做深入细致的工作，不精心部署，不用心控制，谋安全不到位。

四、防范措施

（1）要求各单位广泛开展"吸取血的教训，整顿工作作风"的安全生产专题讨论，组织各单位、各部门、各专业开展事故暴露问题的对照检查，从主观上、管理上深挖细究存在的问题和漏洞，深入第一线指导，落实好工区、班、站的整改、检查工作。

（2）认真抓好安全生产整顿工作，针对本次事故暴露出的管理上的缺位和死角、管理性违章、规章制度执行力欠缺、生产秩序混乱、两票秩序形式主义及一系列违章等问题，全面查找安全生产工作中存在的问题，有针对性地制定整改措施，抓好整改，扭转安全生产被动局面。

（3）认真开展带电作业专项整治。一是暂时停止全省带电作业工作，待省公司做出明确要求并通知后方可进行；二是开展带电作业项目的清理和规范工作，省公司生产技术部对全省带电作业工作进行梳理，对带电作业的项目和工作程序做出明确规定；三是修订完善省公司有关带电作业的规程规定，按照《国家电网公司电力安全工作规程（线路部分）》要求立即对全省各地区带电作业安全距离和组合间隙按照海拔进行核对和修正；四是明确带电作业要严格执行现场勘察制度编制"三项措施"（组织措施、技术措施、安全措施），经本单位主管生产领导（总工程师）批准后方可进行；五是带电作业工作必须停用重合闸；六是对于各类带电作业，由省公司制定带电作业指导书范本，对于无作业指导书范本的作业项目一律不允许开展带电作业，每项带电作业必须根据实际情况制定标准化作业指导书并严格执行。

（4）进一步开展反管理性违章、行为性违章和装置性违章排查活动；强化对"两票三制"执行的过程管理和考核，对于"两票三制"执行不严肃、工作中履行职责不到位，无论是否造成事故，均按严重违章进行严肃处理；重点加强4种人（工作票签发人、工作负责人、工作许可人、专职监护人）的职责落实，加强培训和考试、考核。

（5）一是抓好检修计划组织准备，在保证安全的前提下，科学地计划并合理安排好工作进度和工期，坚持安全稳妥的原则和查找问题与消除缺陷相结合的原则，把确保人身安全放在首位；二是要认真检查各项安全保障措施的落实情况，组织对涉及各类检修、施工现场所制定的"三项措施"、危险点分析、现场作业指导书等准备情况进行全面检查，对于发现的问题必须立即整改，否则不得开工工作；三是强化安全监督，各级安全监督部门、安全纠查队要加强对现场规章制度落实执行情况的督查，经常性地开展不打招呼的检查和暗访活动；四是加强各类工作现场的控制和管理，加大对检修计划的审查、审批力度，必须做到计划周密，准备充分，安全、组织、技术措施落实，作业过程还要加强监护，确保万无一失。

（6）工作负责人（监护人）应认真履行规程规定的安全责任和监护职责，不得登塔作业和脱离现场失去对作业人员的监护。

（7）提高工作负责人（监护人）、专责监护人的自我防护意识，真正做到"三不伤害"。

现场勘察不细，施工方案不合理，施工现场保留带电线路，施放的导线磨破带电线路导线的绝缘层，造成拖线的农民工3人触电死亡。

现场保留带电线 三人死亡泪涟涟

学 规 程

××年×月××日，某县供电局在台风后对 10kV 641×× 线 ×× 支线抢修的放线施工中，因工作现场安全措施不当，施放的导线与跨越的带电 0.4kV 农排线路磨触，造成 3 人触电死亡。

一、事故简要经过

××年×月，某供电局供电所计划对因台风侵袭而受损严重的 10kV 641×× 线 ×× 支线进行消缺工作，×× 支线 T 接于 ×× 线 5 号杆。工作前，供电所负责人委派该线路专责人袁×进行现场勘察，并填写工作票。供电所副所长贺××签发了工作票，由邵××担任工作负责人。8 月 23 日，工作班人员按照工作票上要求，拉开了 10kV 641×× 线 5 号杆 ×× 支线断路器，在工作地段两端（×× 支线 1 号、6 号杆）装设接地线。布置完安全措施后，开始换线工作，换线采用以旧导线带新导线的方法，在 6 号杆侧放线，1 号杆侧收线。3 个农民工站在 1 号杆刚将 B 相导线拉动 30 多米时，即发生触电，经抢救无效，3 人死亡。

二、发生事故的主要原因

（1）工作地段 ×× 支线 5～6 号杆跨越一条 0.4kV 农排线路，该农排线路供电电源由 10kV 641×× 线 4 号杆分支上 ×× 村配电变压器接入，事故发生时为带电运行状态。工作前由于袁×未进行现场勘察，工作票上未显示 ×× 支线 5～6 号杆跨越农排线路。现场布置安全措施时，也没有对该条农排线路采取停电、验电、挂接地线的安全措施，导线牵引过程中，将该线路的塑料铝芯线绝缘层磨破，造成拖线的人员触电。

（2）工作负责人邵××严重失职，未履行《国家电网公司电力安全工作规程（线路部分）》2.3.11.2 条所规定"负责检查工作票所列安全措施是否正确完备，是否符合现场实际条件，必要时予以补充"的安全责任，对作业中跨越的 0.4kV 农排线路没有采取安全措施就组织放线施工。

（3）线路管理专责人袁×未认真履行安全职责，受所领导委派对现场进行勘察，但并未进行现场勘察，导致工作票所列安全措施与现场实际不符。

三、事故暴露出的问题

（1）安全生产管理不善。此次作业由于未进行现场勘察，对危险点分析不全面；工作负责人未认真履行安全职责，对施工地段跨越的带电线路未采取安全措施；配电线路运行资料与现场实际情况不符。

（2）现场施工组织混乱，作业人员安全意识淡薄，自保互保能力不强。在 5～6 号杆作业的工作人员发现该档内跨越的低压线路时未提出异议，未采取安全措施，未向工作负责人报告；工作许可人也未检查现场所采取的安全措施是否符合现场实际情况。

（3）危险点预控不力，现场安全监督不到位，未发现施工地段有被跨越的带电线路这一危险点。

四、防范措施

（1）施工前，工作票签发人、工作负责人应组织现场勘察，查看施工需要停电的范围、保留的带电部位和作业现场的环境、条件及危险点等，并做好记录。

（2）现场勘察要认真，要查明施工作业现场需要停电的范围，被跨越的电力线路必须逐一查明其送电电源，并对其采取"停电、验电、挂接地线"的安全措施。切不可凭经验、印象来确定，勘察工作中的一时疏忽，都可能对施工人员造成不可弥补的伤害。

（3）依据现场勘察结果和施工任务，编制施工方案，制定施工的组织措施、技术措施和安全措施。召开班前会，组织对施工方案和"三项措施"的讨论，对其进行完善补充。明确人员分工、施工的技术标准和工艺标准，开展作业中的危险点分析和预控。

（4）工作前，工作负责人、安全员、技术人员按照施工方案和工作票要求组织布置现场安全措施，对工作班成员进行安全和技术交底，告知危险点和安全注意事项，并履行确认手续，保证每一个工作班成员都知晓。

（5）增强现场作业人员的自保互保意识，发现被跨越的线路及其他不安全因素要及时告知和提醒。一句简单的提醒和忠告，有时即可避免一次事故的发生。

（6）交叉跨越各种线路、公路、铁路等放、撤线，应采取搭好可靠的跨越架或将被跨越的电力线路停电的安全措施，并做好防止损伤被跨越线路的保护措施；跨越公路时，在跨越处设专人持信号旗看守。

（7）在从事放、撤线施工中，由于工作地点跨度相对较大，参与作业的人员较多，因此除逐项落实施工方案中规定的作业方法、步骤和安全措施外，还应加大工作监护力度，重点和关键部位要设专人监护，及时纠正不安全行为，保证施工安全。

（8）深刻吸取事故教训，开展安全生产大学习、大讨论，认真查找事故发生的原因，举一反三查找自身安全生产工作存在的薄弱环节，深入查找违章作业的根源，"杜绝违章，关爱生命"，提高遵章守规的自觉性，做到"三不伤害"（不伤害自己、不伤害他人、不被他人伤害），防止人身伤害事故的发生。

违章作业，停电检修误登带电杆塔，作业前不验电，不挂接地线，触电后高处坠落死亡。

误登带电杆塔　触电坠落死亡

学规程

《国家电网公司电力安全工作规程（线路部分）》

5.2.4 条规定：在变电站、发电厂出入口处或线路中间某一段有两条以上相互靠近的平行或交叉线路时，要求：①每基杆塔上都应有双重名称；②经核对停电检修线路的双重名称无误，验明线路确已停电并挂好接地线后，工作负责人方可宣布开始工作；③在该段线路上工作，登杆塔时要核对停电检修线路的双重名称无误，并设专人监护，以防误登有电线路杆塔。

5.3.5.5 条规定：作业人员登杆塔前应核对停电检修线路的识别标记和双重名称无误后，方可攀登。

2.5.1 条规定：工作许可手续完成后，工作负责人、专责监护人应向工作班成员交代工作内容、人员分工、带电部位和现场安全措施，进行危险点告知，并履行确认手续，装完工作接地线后，工作班方可开始工作。工作负责人、专责监护人应始终在工作现场，对工作班成员的安全进行认真监护，及时纠正不安全的行为。

3.3.1 条规定：在停电线路工作地段装接地线前，应先验电，验明线路确无电压。

　　××年×月××日，某市电业局高压检修管理所带电班职工王×（男，33 岁）在 110kV×× I 线××支线停电检修作业中，误登平行带电的 110kV××线路 35 号杆，触电后高处坠落死亡。

17

一、事故经过

为配合武汉—广州高速铁路的施工，某市电业局计划×月××日～××日对110kV××Ⅰ线全线停电，由该局高压检修管理所进行110kV××Ⅰ线16号-1、16号-2、90号杆塔搬迁更换工作，同时对××Ⅰ线1～118号杆及110kV××Ⅰ线××支线1～44号杆进行登杆检查及绝缘子清扫工作。Ⅰ线1～118号杆及110kV××Ⅰ线××支线1～44号杆工作分成三个大组进行，分别由高压检修管理所线路一、二班和带电班负责。经分工，带电班工作组负责××支线1～44号杆工作登杆检查工作。1月24日各工作班在挂好接地线、做好安全措施后开始工作。1月26日带电班又分成4个工作小组，其中工作负责人莫××和作业班成员王×一组负责××Ⅰ线××支线31～33号杆登杆检查及绝缘子清扫工作。11时30分左右，莫××和王×误走到平行的带电110kV××线35号杆下（原杆号为××Ⅱ××支线32号杆），在都未认真核对线路名称、杆号的情况下，王×误登该带电的线路杆塔。在进行工作时，造成触电，并起弧着火，王×安全带烧断从约23m高处坠落地面，当即死亡。

二、事故原因

1. 直接原因

（1）工作监护人严重失职。莫××是该小组的工作负责人（工作监护人），上杆前没有向王×交代安全事项，没有和王×共同核对线路杆号、名称，完全没有履行监护人的职责，严重违反了《国家电网公司电力安全工作规程（线路部分）》2.5.1条的规定。

（2）死者王×安全意识淡薄，自我防护意识差，上杆前没有认真核对线路名称与杆号，盲目上杆工作，严重违反了《国家电网公司电力安全工作规程（线路部分）》5.2.4条第三款的规定。而且上杆后开始工作前，不验电，不挂接地线，严重违反了《国家电网公司电力安全工作规程（线路部分）》3.3.1条的规定。

（3）运行杆号标识混乱。110kV××线为3年前由110kV××Ⅱ线××支线改运行编号形成，事故杆塔××线35号杆上原"××Ⅱ线××支线32号"杆号标识未彻底清除，十分醒目，与"××线35号"编号标识同时存在，且杆根附近生长较多低矮灌木杂草，影响杆号辨识。

2. 间接原因

（1）检修人员不熟悉检修现场。高压检修管理所带电班第四组工作人员不熟悉检修线路杆塔的具体位置和进场路径，且工作前未进行现场勘查，工区也未安排运行人员带路，是导致工作人员走错杆位的间接原因。

（2）施工组织措施不完善。本次××Ⅰ线杆塔改造和线路登杆检修工作为某市电业局春节前两大检修任务之一，公司管理层对工作的组织协调不力，管理不到位。工区主要管理人员忽视线路常规检修的工作组织和施工方案安排。

（3）现场安全管理措施的有效性和针对性不强。作业工作任务单不能有效覆盖每个工作组的多日连续工作，班组每日复工前安全交底不认真。班组作业指导书针对性不强，危险点分析过于笼统，缺少危险点特别是近距离平行带电线路的具体预防控制措施。工作组检修工艺卡与班组作业指导书脱节，只明确了检修工艺质量控制要求，缺少对登杆前核对杆号的要求和步骤，对登杆检修全过程的作业行为未能有效控制。

（4）线路通道和巡视小道维护不到位，导致小道为杂草灌木掩盖，难以找到，且通行困难，给线路巡视及检修人员到达杆位带来很大不便。

三、事故暴露出的问题

（1）干部和职工有明显的松懈麻痹情绪。该电业局在保持了 20 年无人身伤亡事故纪录，安全生产情况良好的情况下，干部和职工存在着明显的松懈麻痹情绪。安全生产管理松懈、粗放，大型工作组织措施不落实。

（2）生产管理存在明显漏洞。线路杆号标识混乱，线路巡视通道和线路走廊清障不及时、不彻底，存在明显的管理性违章和装置性违章。

（3）现场标准化作业管理不认真。作业指导书实用性、可操作性不强，危险点分析和预防措施不足，不能有效控制多工作组作业时人员的工作行为；作业指导书培训不够，班组人员不能全面掌握作业程序和要求；作业指导书现场应用存在表面化、形式化现象，未能有效发挥保证作业安全、控制作业质量的作用。

（4）班组基础管理薄弱。对班组规章制度未能进行及时有效的梳理，班组安全活动流于形式；公司领导和工区领导不能经常参加基层班组安全活动，不了解班组和现场安全生产状况。

（5）反违章工作未能有效落实。安全教育培训力度不够，效果不明显，一些员工安全意识十分淡薄；在国家电网公司、省公司反违章高压态势下，行为性违章得到一定程度的遏制，但管理性、装置性违章仍然较多，违章问题仍比较突出，反违章活动组织和开展效果不明显。

（6）现场勘察制度执行存在薄弱环节。本次工作现场较为复杂，有 3 条平行的 110kV 线路，分别为"110kV××Ⅰ线""110kV××线""110kV××线"，且相距都不远，容易发生误登杆塔，但开工前工作负责人和工作票签发人并未对现场进行认真勘察，以致没有提出针对性很强的防止误登杆塔的措施。

（7）对《国家电网公司电力安全工作规程（线路部分）》的工作票制度理解有偏差。本次作业中多个班组共用一张工作票，而每个班组又细分为多个工作小组，导致部分工作小组实际处于无工作任务单工作状态。

四、防范措施

（1）加强教育培训工作。首先是要加强对班长的教育培训，提高班长的安全意识和管理素质，让其能自觉执行《国家电网公司电力安全工作规程（线路部分）》和有关安全管理的规定，真正当好带头人；其次是要加强班组工作人员的责任心和安全意识的培训，重点做好"两票"执行、安全措施设置、正确的工作安排、作业危险点分析、标准化作业、26 种严重违章行为的界定等方面的培训工作，让作业人员知道该做什么、不该做什么、怎么做。通过培训，让他们真正懂得遵章守纪的重要性，树立正确的安全意识观念，保命意识，做到"四不伤害"（不伤害自己、不伤害别人、不被别人伤害、保护他人不受伤害）。

（2）对重要检修作业过程严格执行录音制度。各单位必须严格按省公司安全生产工作会议要求，建立录音制度，对重要生产检修过程如现场核对、确认、关键危险点交底等严格执行该制度，尽快将录音设备及时配备到位，并建立定期检查评价制度。

（3）现场作业严格执行"三个必须"：一是必须保证危险点分析控制措施 100% 到位，以后作业中所有的危险点分析控制措施要落实到具体的责任人；二是必须建立作业现场的提醒制度，各类检修和操作等作业都要有人提醒；三是必须认真执行安全理念宣读制度，所有工作开工前都要集体宣读"遵章守纪，拒绝违章，从我做起，确保安全"的安全理念，做到自我约束。

（4）加强线路生产管理工作：一是对线路的标准化作业要认真研究，线路标准化作业指导书中必须核对好线路名称和杆塔号；二是对变电站和线路命名要做全面清理，要按照省公司的要求进行规范、更改；三是所编杆塔号要正确、清晰、唯一、醒目，作废的要及时清除；四是要对线路通道和巡线道进行清理、砍伐，要确保巡线人员到达杆塔现场；五是每一基杆塔的接地装置要醒目。

（5）建立严格的验电制度。线路所有停电检修作业前必须确认线路名称、杆号，并验电，确认无电后，方可开始工作。

（6）线路专业运行和检修分开的单位，必须立即合并。原则上不允许再出现线路运检分离的情况。

（7）要进一步完善标准化作业指导书。标准化作业指导书必须与《国家电网公司电力安全工作规程（线路部分）》的要求结合起来，把每次作业必须实施的保证安全的组织、技术措施和危险点分析重点控制措施有机结合起来，作为标准化作业指导书的程序，做到既保安全又保质量。

（8）强化现场工作人员的自我防护意识，提高自我防范能力。

> 处理断路器缺陷不办理工作票，现场作业人员失去监护，造成触电死亡事故。

案例 ⑤

无票作业违规章　失去监护触电亡

✦ 学规程

《国家电网公司电力安全工作规程（变电部分）》

3.2.2.1 条规定：高压设备上工作需要全部停电或部分停电者，应填用第一种工作票。

3.4.1 条规定：工作许可手续完成后，工作负责人、专责监护人应向工作班成员交代工作内容、人员分工、带电部位和现场安全措施，进行危险点告知，并履行确认手续，工作班方可开始工作。工作负责人、专责监护人应始终在工作现场，对工作班成员的安全进行认真监护，及时纠正不安全的行为。

3.4.3 条规定：工作票签发人或工作负责人，应根据现场的安全条件、施工范围、工作需要等具体情况，增设专责监护人和确定被监护的人员。专责监护人不得兼做其他工作。专责监护人临时离开时，应通知被监护人员停止工作或离开工作现场。

> ××年××月×日，某县供电局在处理断路器缺陷时，没有办理工作票，在工作负责人（监护人）因故离开时误碰带电设备，导致触电死亡。

一、事故经过

××年××月×日上午，某县供电局根据年度检修计划及生技科生产任务安排，变电管理所安排变电检修班班长方×（工作负责人）带领历×等 7 人来到某变电站，进行冬季计划检修。工作任务是 351 断路器大修、10kV 断路器小修及预防性试验等。

当天工作未干完，××月×日上午继续工作。10 时 40 分左右，方×安排陈×、胡×、历×去处理 351 断路器 B 相油箱密封垫不正的问题，考虑只是在下面松几个螺栓把油箱扶正就行了，而且看到 351 断路器处在分闸位置，误认为整个断路器没有电（实际上 351 断路器虽处在分闸位置，但并没有解备，351 母线侧隔离开关仍在合闸位置，351 母线侧仍然有电），就没有办理工作票。陈×、胡×、历×三人工作，方×进行监护。工作刚开始不久，方×听到胡×在断路器构架上喊他，就走过去。这时历×从 351 断路器北边底层支架上下去，走到 351 断路器东侧。一会儿，所有检修人员都听到放电声，先后跑到 351 断路器处，见历×躺在 351 断路器东北角约 1.5m 处，头部有血（事故后检查，历×右手掌拇指根部有直径 1cm 的电击伤口，右手背有多处烧伤痕迹，左手及手腕约有 20cm 长的烧伤痕迹，左脚掌内侧约有直径 2cm 的击穿洞口，头部后面约有 4cm 的摔伤裂痕）。任×忙对历×进行抢救，实施心肺复苏法，值班员立即拨打 120 急救电话并找车将伤员送往附近卫生院，11时左右历×在送往医院的途中死亡。

　　事故后经现场勘察分析，历×从 351 断路器东侧支架爬上去，左手腕撑在支架边，右手伸向 A 相母线设备线夹时触电。351 断路器东北角支架、A 相母线设备线夹均有电击痕迹。

二、事故原因

　　（1）工作负责人违反《国家电网公司电力安全工作规程（变电部分）》3.2.2.1条的规定，没有办理工作票，没有采取任何安全措施，违章指挥，是造成此次事故的主要原因。

　　（2）工作负责人（监护人）没有尽到监护职责，违反《国家电网公司电力安全工作规程（变电部分）》3.4.3 条的规定，在听到胡×在 5 号断路器构架上喊他时，就走过去，没有通知历×停止工作。

　　（3）现场作业人员缺乏自我防护意识。

三、暴露出的问题

　　（1）现场安全生产管理不善，《国家电网公司电力安全工作规程（变电部分）》执行不力，违反 3.4.1 条的规定，没有向工作班成员交待带电部位和现场安全措施，进行危险点告知。在进行多点工作时，没有增设专责监护人，使历×失去了监护。

　　（2）工作人员安全意识淡薄，工作负责人无票工作，违章指挥，现场作业人员无人提出异议，工作不采取安全措施，自我防护意识差。

四、防范措施

（1）强化各级安全第一责任人的责任意识，提高安全管理水平，把安全生产工作的重点放在基层，放在生产第一线。

（2）按照"三不放过"的原则，认真组织事故调查，深刻分析事故原因，吸取事故教训，严肃处理和教育责任人，杜绝类似事故再次发生。

（3）狠抓班组安全管理，切实落实各项安全防范措施，系统开展"三不伤害"教育，严格执行《国家电网公司电力安全工作规程（变电部分）》，培养良好的安全作业习惯。

（4）进一步修订、完善安全管理的各项规章制度，完善和落实各级安全生产责任制，要做到一级抓一级，出现安全责任问题决不姑息迁就。

（5）狠抓职工全员的安全教育和培训，认真学习《国家电网公司电力安全工作规程（变电部分）》，提高职工安全技术素质和安全工作责任心，增强职工自我保护意识。对工作负责人、工作许可人、工作票签发人进行重点培训。

（6）提高各级、各类人员的业务技术素质，加大对"两票三制"执行的检查考核力度。

（7）狠抓"三措"的编制和落实，按照规定严格审查，并经有关领导批准后执行。

案例⑥

违章安装变压器　触电死亡命归西

学 规 程

《国家电网公司电力安全工作规程（线路部分）》

2.3.3.2 条规定：在运行中的配电设备上的工作应填用第二种工作票。

5.1.2 条规定：在 10kV 及以下的带电杆塔上进行工作，工作人员距最下层带电导线垂直距离不准小于 0.7m。

5.1.1 条规定：在带电杆塔上的工作作业人员活动范围及其所携带的工具、材料等，与带电导线最小距离（10kV）不准小于表 5-1 的规定（10kV 为 0.7m）。

2.5.1 条规定：工作负责人、专责监护人应始终在工作现场，对工作班人员的安全进行认真监护，及时纠正不安全的行为。

　　××年×月××日，某供电局电力工程公司在变压器台安装作业中，因移动横担时与带电导线未保持安全距离，误碰带电导线，发生一起人身触电死亡事故。

一、事故经过

　　××年×月××日，某供电局电力工程公司为用户进行变压器台增容改造（在原 125kVA 专用变压器后侧增设一个 2.25m 高的平台，放置一台 200kVA 的变压器，安装避雷器、跌落式熔断器及金具等）施工。下午 3 时 20 分，工作负责人周××接到电力工程公司支部书记曾××的电话："下午停不了电，你们把避雷器、跌落式熔断器、倒挂线横担装好，等供电所来搭火，要注意安全。"在没有办理工作票、没有进行危险点分析、没有落实监护人的情况下，工作负责人周××安排工作班成员刘×登杆安装横担。在安装过程中，由于刘×移动横担误碰上方带电的 10kV 导线，造成触电，经抢救无效死亡。

二、事故原因

（1）在邻近带电导线的施工中，没有保持与带电设备的安全距离。现场作业人员违反《国家电网公司电力安全工作规程（线路部分）》5.1.1 条的规定，在杆上移动横担时未能保证横担与上方邻近带电导线保持最小的安全距离，横担触及带电导线，造成手握横担的作业人员发生触电。

（2）违章指挥。现场工作负责人周××在没有办理工作票、未进行危险点分析、未制定安全措施、未进行安全交底和专责监护人没有落实的情况下，违章组织工作班成员在带电导线下方的变压器台上冒险作业；支部书记曾××明知线路不能停电，仍安排工作负责人周××进行施工。

（3）邻近带电设备工作，没有落实工作监护制度。违反《国家电网公司电力安全工作规程（线路部分）》2.5.1 条"工作负责人、专责监护人应始终在工作现场，对工作班人员的安全进行认真监护，及时纠正不安全的行为"的规定，专责监护人没有落实，工作负责人（监护人）未负起监护责任，使作业人员在移动横担时误碰带电导线。

三、事故暴露出的问题

（1）施工现场安全管理混乱。在现场工作条件发生变化（线路不能按计划停电）的情况下，支部书记曾××违章指挥，安排人员进行作业；此次作业没有办理工作票、未进行危险点分析、未制定安全措施和安全交底，邻近带电导线作业，不落实专责监护人，未采取相应的安全措施。

（2）现场施工人员安全意识淡薄，自我防护能力不强，没有针对邻近带电导线作业这一危险点采取相应的防范措施。

四、防范措施

（1）按照"三不放过"（事故原因分析不清不放过，事故责任者与群众未受到教育不放过，没有采取切实可行的防范措施不放过）的原则，认真组织事故调查，深刻分析事故原因，吸取事故教训，严肃处理和教育责任人，举一反三查找自身安全生产工作存在的薄弱环节，深入查找违章作业的根源，杜绝类似事故再次发生。

（2）继续深入开展反违章活动，对照《国家电网公司安全生产典型违章100条》，结合本单位和本人工作实际，认真查找各种形式的违章行为。弄清违章行为的危害和产生的严重后果，认识到"违章指挥等于杀人，违章作业等于自杀"，牢固树立"三不伤害"原则。

（3）根据作业现场不能按计划停电的情况，应办理电力线路第二种工作票。由工作负责人组织现场勘察，查看现场保留的带电部位及其危险点。

（4）召开班前会，做好危险点分析，针对现场保留的带电部位，制定切实可行、可靠的安全防护措施和预控措施，明确邻近带电导线作业的工作方法和安全注意事项，明确人员分工，落实现场专责监护人。

（5）逐项、严格落实邻近带电导线作业的安全防护措施。专责监护人应始终在工作现场对作业人员进行认真的监护，时刻提醒作业人员与带电导线保持安全距离，及时纠正不安全的行为。

（6）强化现场施工人员安全意识，提高自我防护能力。在邻近带电导线下方作业，要时刻注意人体和所携带的工具、材料等与带电导线保持安全距离，工作要细心、谨慎，防止接近、接触带电导线。

工作未终结，违章拆除接地线，作业人员擅自
盲目送电，造成人身触电死亡事故。

案例 7

违章拆除接地导线　盲目送电命丧黄泉

学规程

《国家电网公司电力安全工作规程（线路部分）》

2.7.1 条规定：完工后，工作负责人（包括小组负责人）应检查线路检修地段的状况，确认在杆塔上、导线上、绝缘子串上及其他辅助设备上没有遗留的个人保安线、工具、材料等，查明全部工作人员确由杆塔上撤下后，再命令拆除工作地段所挂的接地线。接地线拆除后，应即认为线路带电，不准任何人再登杆进行工作。

××年×月××日，某供电公司供电所擅自进行配电变压器安装施工，工作未终结，违章擅自拆除接地线盲目送电，造成作业人员触电死亡。

一、事故经过

××年×月××日，某供电公司供电所在没有履行相关报批手续的情况下，擅自组织为用户安装一台 80kVA 配电变压器。在基本完成配电变压器台架、配电变压器、计量箱以及线路 T 接处跌落式熔断器等安装任务时，工作负责人安排两名农电工准备送电事宜，并约定电话联系后再送电。此后，工作负责人在工作未完的情况下，违章擅自拆除了施工地段两端的接地线。负责送电的两名农电工看到接地线已拆除，误以为工作完毕，约 10min 后用手机与工作负责人联系送电事宜，但无人接听，便合闸送电。而此时，另两名农电工正在配电变压器台架上安装引线，其中一名农电工胡××用左手拉开 A 相熔断器，准备接 A 相引线时

28

触电死亡。

二、事故原因

（1）违章拆除接地线。工作负责人违反《国家电网公司电力安全工作规程（线路部分）》2.7.1 条的规定，在工作未终结的情况下，违章拆除了作业地点两端的接地线，致使在电气设备上作业的人员失去了防止触电的安全措施的保护。

（2）违章操作送电。安排送电的两名农电工违章操作送电，未按照事先与工作负责人的约定，在没有得到工作负责人工作终结的报告并表示可以送电的情况下仅凭看到的接地线已经拆除，就认为工作已经完毕，盲目送电。

三、事故暴露出的问题

（1）施工作业现场保证安全的组织措施落实不到位。未严格执行《国家电网公司电力安全工作规程（线路部分）》的工作许可制度、工作监护制度、工作终结和恢复送电制度，工作负责人没有履行职责，带头违章，擅自拆除接地线。

（2）配电施工管理混乱。没有经过相关报批手续，擅自为用户增容并组织施工，内部管控不严。

（3）员工安全意识淡薄，自保互保能力缺乏。工作未终结，工作负责人违章拆除接地线；现场作业人员自保意识不强，对工作负责人提前拆除接地线的行为没有人提出异议和进行制止。

四、防范措施

（1）开展安全生产专题讨论，从主观上、管理上认真查找本单位在安全生产上存在的问题和漏洞。剖析事故原因，吸取事故教训，举一反三，加强现场安全监督管理，防止同类事故重复发生。

（2）按照业扩程序办理增容报装手续，在增容方案确定后，组织现场勘察，确定施工需要停电的范围、保留的带电部位及存在的危险点。

（3）开好班前会，制定施工方案和安全措施，做好危险点分析，交代安全注意事项和工作要求，明确人员分工。

（4）根据工作任务和现场勘察情况办理电力线路第一种工作票，工作票所列安全措施应满足现场实际要求。

（5）履行工作许可手续，在得到工作许可人的许可后，工作负责人方可组织工作班成员进行施工。

（6）严格落实现场保证安全的技术措施，停电、验电、在工作地段两端装设接地线。若在城区或人口密集地段工作，工作场所周围还要装设遮栏（围栏）。工作负责人向全体工作班成员交代安全措施，进行危险点告知并提问无误后，作业人员在工作票上签名确认，方可开始工作。

（7）完工后，工作负责人应仔细检查线路工作地段情况，确认杆塔上没有遗留的个人保安线、工具、材料等，查明全部工作人员确由杆塔上撤下后，再命令拆除工作地段所挂的接地线，然后办理工作终结手续。

（8）强化全员安全教育和培训，提高工作人员的安全意识和安全防范能力，增强现场工作人员的自我保护意识，严格执行《国家电网公司电力安全工作规程（线路部分）》，提高执行《国家电网公司电力安全工作规程（线路部分）》的自觉性，养成良好的安全作业习惯，防止人身伤害事故的发生。

路灯开关未拉开　傍晚灯亮人触电

✛ 学 规 程

《国家电网公司电力安全工作规程（线路部分）》

2.2.2 条规定：现场勘察应查看现场施工（检修）作业需要停电的范围、保留的带电部位和作业现场的条件、环境及其他危险点等。

3.2.1.4 条规定：断开有可能返回低压电源的断路器（开关）、隔离开关（刀闸）和熔断器。

3.4.1 条规定：工作负责人应确认所有工作接地线均已挂设完成方可宣布开工。

《农村低压电气安全工作规程》（DL 477—2001）

6.3.2 条规定：凡有可能送电到停电检修设备上的各个方面的线路（包括零线）都要挂接地线。

　　××年×月××日，某县电力公司在调整转接低压负荷工作时，未拉开路灯线开关，路灯线未装设接地线，傍晚路灯线路来电，发生一起人身触电死亡事故。

一、事故经过

　　××年×月××日，某县电力公司供电所按计划调整转接低压负荷。工作负责人杨××与工作班成员余××等4人一同前往现场进行勘察后，办理了线路第一种工作票，但是遗漏了与工作地段低压线路同杆架设但不同电源的路灯线路，工作票中没有针对路灯线路所采取的"停电和挂接地线"的安全技术措施。工作负责人杨××在召开了班前会，完成了工作票上所列的停电、验电、挂接地线等措施后，便组织工作班成员开始作业。18 时 40 分许，余××在××村 A 台配电变压器低压线路上进行工作时，因路灯线路突然来电造成触电死亡。

二、事故原因

（1）现场勘察工作不全面、不细致，遗漏了同杆架设但由不同电源供电的路灯线路；签发的线路第一种工作票中所列安全措施不全，没有列出拉开路灯线路电源开关、在路灯线路上装设接地线等保证安全的技术措施。违反《国家电网公司电力安全工作规程（线路部分）》2.2.2 条和 3.2.1.4 条及《农村低压电气安全工作规程》（DL 477—2001）6.3.2 条的规定。

（2）工作负责人杨××在组织人员进行现场勘察时，没有查明工作地段路灯线路的电源，在现场组织施工作业过程中又没有核对现场实际和补充完善安全措施，在工作地段同杆架设的低压路灯线路没有挂接地线的情况下，组织工作班成员开始施工作业。

（3）工作班成员自我防护能力不强，在施工作业过程中，在路灯线路没有挂接地线的情况下就盲目工作。

三、事故暴露出的问题

（1）现场勘察人员责任心不强，现场勘察不到位。工作负责人在组织进行现场勘察时，对作业需要停电的范围勘察不仔细，忽视了同杆架设的不同电源的路灯线路。

（2）对设备运行状况了解掌握不全面。工作票签发人、工作负责人对该低压线路及运行状况没有全面掌握，致使其在填写、审核及签发工作票时，遗漏了与工作地段低压线路同杆架设的路灯线路。

（3）作业人员安全意识淡薄，自我保护能力差，对作业环境中的危险点辨识、防范不到位，对现场同杆架设的路灯线路是否已经做好安全措施没有进行检查、确认。

（4）路灯线路架设、管理不规范。路灯线路与同杆架设的低压架空线路不是同一电源供电，但没有在线路运行资料、线路接线图上标明。

四、防范措施

（1）认真剖析事故原因，吸取事故教训，制定整改措施，举一反三查找安全管理中的薄弱环节，防止类似事故再次发生。

（2）施工前的现场勘察要认真、仔细、全面，要把施工范围内的各种电力线路及其供电电源查清楚，明确作业现场需要停电的范围、现场保留的带电部位、需要挂接地线的线路和地点、作业现场的环境条件及危险点等。

（3）开好班前会，制定施工方案和安全措施，做好危险点分析，交代安全注意事项和工作要求，明确人员分工。工作负责人要把需要挂接地线的线路和地点及执行人员交代清楚。

（4）根据工作任务办理工作票，工作负责人在得到工作许可人的许可后，组织人员进入作业现场，逐项落实保证安全的技术措施；工作负责人在确认所有工作接地线均已挂设完成后方可宣布开工。

（5）提高工作人员的安全意识和自我保护能力，提高对作业环境中的危险点辨识和预控能力，加强自我保护意识，努力做到"三不伤害"。

（6）管理人员要掌握线路、设备的运行情况，为线路维护和运行管理提供可靠依据。

变电站值班人员在没有认真审核工作票、没有填写操作票的情况下，违规将线路送电，造成在线路上作业的工作人员触电跌落死亡。

案例⑨

变电站值班人员误送电　线路工杆上作业命归阴

学规程

《国家电网公司电力安全工作规程（变电部分）》

3.5.2 条规定：在未办理工作票终结手续以前，任何人不准将停电设备合闸送电。

《国家电网公司电力安全工作规程（线路部分）》

2.7.4 条规定：工作许可人在接到所有工作负责人（包括用户）的完工报告，并确认全部工作已经完毕，所有工作人员已由线路上撤离，接地线已经全部拆除，与记录簿核对无误并做好记录后，方可下令拆除各侧安全措施，向线路恢复送电。

《国家电网公司电力安全工作规程（线路部分）》

3.4.1 条规定：线路经验明确无电压后，应立即装设接地线并三相短路。工作接地线应全部列入工作票，工作负责人应确认所有接地线均已挂设完成方可宣布开工。

　　××年×月，某变电站发生一起变电值班工在线路工作没有终结、工作票没有交回的情况下违章送电，造成一人死亡的事故发生。

一、事故原因

　　××年×月，某供电局 35kV 变电站值班人员万×× 根据维修班填写的停电作业工作票，按停电操作顺序于 9 时操作完毕，并在操作把手上挂上"有人工作，禁止合闸"的标示牌。12 时，万×× 与下值付×交接班，万×× 口头交代了工作票后，又在值班记录写上"××线有人工作，待工作票交回后再送电"。17 时，付×从外面巡视完高压设备区回到值班室，看见有一张××线路工作票，以为××线工作已结束，在没有认真审核工作票、没有填写操作票、没有按操作五制的步骤操作等一系列违章操作中，于 17 时 15 分将××线送电。而此时，维修班人员正在××线上紧张工作着，线路工张××在造纸厂变压器门型架上作业，其他人员均在变压器周围工作，工作前未挂接地线。在付×送上电的一刹那，张××工作中触电，从 4.6m 高的门型架上跌下来，经抢救无效死亡。付×听说送电死人后，吓得立即瘫倒在地。待其清醒过来发现那张××线路工作票是昨天已执行过的。

二、事故原因

（1）变电站值班人员付×违反《国家电网公司电力安全工作规程（变电部分）》3.5.2 条和《国家电网公司电力安全工作规程（线路部分）》2.7.4 条的规定，在没有认真审核工作票、没有填写操作票、没有按操作五制的步骤操作的情况下违章送电，是造成此次事故的直接原因。

（2）线路维修班违反《国家电网公司电力安全工作规程（线路部分）》3.4.1 条的规定，没有在工作地段两端装设接地线，是造成此次事故的主要原因。

三、暴露出的问题

（1）此次事故出现的变电站值班人员违章送电、线路维修班工作前不装设接地线等一系列违章现象，暴露出工作人员的安全意识极为淡薄，缺乏对作业中风险的辨识能力和自我保护能力。

（2）没有执行《国家电网公司电力安全工作规程（变电部分）》和《国家电网公司电力安全工作规程（线路部分）》的相关规定，工作负责人没有落实保证安全的技术措施，没有在工作地段两端装设接地线，使作业人员失去了安全防护，暴露出工作人员规章制度执行力差、纪律性不强。

四、防范措施

（1）将事故通报全系统各单位，深刻剖析事故原因，吸取事故教训，加强领导，制定防范措施，严防类似事故的发生。

（2）在未办理工作票终结手续以前，严禁任何人将停电设备合闸送电。

（3）严格履行工作终结和恢复送电制度。工作许可人在接到工作负责人的完工报告，交回工作票，办理工作票终结手续，并确认全部工作已经完毕，所有工作人员已由线路上撤离，接地线已经全部拆除，并得到值班调度员或运行值班负责人的许可指令后，方可向线路恢复送电。

（4）对工作票要进行认真审核，工作已结束的工作票，应加盖"已执行"章，并妥善保存，不得随意乱放。

（5）在电力线路上工作一定要严格执行"停电、验电、挂接地线"等保证安全的技术措施，验电后立即在工作地段两端挂接地线，以保证作业人员的安全。

无票作业，作业前不停电、不验电、不装设接地线，违章作业，造成一死一伤的触电事故。

电缆抢修违反规章　造成触电一死一伤

学规程

《国家电网公司电力安全工作规程（线路部分）》

12.1.1 条规定：工作前应详细核对电缆标志牌的名称与工作票所填写的相符，安全措施正确可靠后，方可开始工作。

12.2.1.9 条规定：锯电缆以前，应与电缆走向图图纸核对相符，并使用专用仪器（如感应法）确切证实电缆无电后，用接地的带绝缘柄的铁钎钉入电缆芯后方可工作。扶绝缘柄的人应戴绝缘手套并站在绝缘垫上，并采取防灼伤措施（如防护面具）。

2.3.11.2 条第三款规定：工作前对工作班成员进行危险点告知，交代安全措施和技术措施，并确认每一个工作班成员都已知晓。

1.2.1 条规定：作业现场的生产条件和安全设施等应符合有关标准、规范的要求，工作人员的劳动防护应合格、齐备。

　　××年×月××日，某供电公司配电工区电缆运行班在电缆故障抢修作业中，不使用工作票（事故应急抢修单），未对抢修的电缆逐条进行验电，在割破带电的电缆绝缘后，造成一死一伤的触电伤亡事故。

一、事故经过

　　××年×月××日，某供电公司变电工区监控人员向调度报告，110kV××站××路 10kV 218 断路器速断保护动作跳闸。后有群众向供电公司相关单位反映某处

37

电缆被挖断，调度通知陈×到故障点检查。工作负责人陈×到达现场检查后，向调度报告电缆已挖坏，并申请停电处理。调度通知相关运行人员对××一路电缆设置安全措施。配电工区电缆运行班接到调度命令后，工作负责人陈×组织 7 名施工人员进行电缆故障检修（电缆沟内敷设有两条电缆，并排敷设并呈南北走向）。在现场组织抢修时，没有使用工作票或事故应急抢修单。

施工人员在对西侧电缆（××一路）采用绝缘刺锥破坏测试验明无电后，完成了此条电缆的抢修工作。在处理东侧电缆外绝缘受损缺陷时，工作负责人陈×主观认为是××一路并接的另一条电缆（实际是运行中的××二路电缆，原来是与西侧电缆同一电源送出，后来改接到××二路），在没有对东侧电缆进行绝缘刺锥破坏测试验电的情况下，即开始对此条电缆的抢修工作。工作班成员陈×在割破电缆绝缘后发生触电，同时伤及共同工作的谷××，造成一死一伤的触电伤亡事故。

二、事故原因

（1）未对故障电缆逐条进行验电。在进行第二条电缆抢修时，违反《国家电网公司电力安全工作规程（线路部分）》12.2.1.9 条的规定，想当然地认为与第一条电缆属于同一回路，未对第二条需检修的电缆进行验电、接地，盲目组织抢修。

（2）工作负责人陈×违反《国家电网公司电力安全工作规程（线路部分）》2.3.11.2 条第三款的规定，在现场组织抢修时，没有使用工作票（事故应急抢修单），开工前也未向工作班成员进行危险点告知，未交代安全措施和技术措施。

（3）工作班成员陈×、谷××违反《国家电网公司电力安全工作规程（线路部分）》12.2.1.9 的规定，未戴绝缘手套，未站在绝缘垫上，缺乏必要的安全防护，自我保护意识差。

（4）电缆名称与实际不符。此电缆沟内原为一路并接的两条电缆，××年××月进行了切改，将并接的两条电缆移一条至××开闭站 223 间隔，命名为××二路。218 间隔剩下的一条电缆更名为××一路。但调度图板、110kV××站模拟图板、××站218 开关柜上的双重编号均未按调度批准书更改，误导了现场作业人员。

三、事故暴露出的问题

（1）安全措施落实不到位。抢修作业未填用事故应急抢修单，工作负责人图省事、想当然，没有对所抢修的电缆逐条进行验电、接地，未按规定交代安全措施和进行危险点告知。

（2）运行管理不善。运行管理工作流程未形成闭环，改变设备接线方式后没有及时变更设备编号、编号牌及图纸等相关内容。对调度模拟图板、变电站模拟图板、开关柜上的双重编号均未及时更改，致使图纸、资料、设备标志与现场实际不符。

（3）现场工作违章严重。从工作负责人到工作班成员，都有不同程度的违章行为，说明员工的安全意识十分淡薄，自我防护意识差。

（4）安全教育培训不力。配电工区电缆运行班作为电缆专业运行班组，日常安全活动、安全教育和技术培训不到位，安全管理制度执行不严。

（5）电缆抢修准备不足。抢修工器具及劳动防护用品准备不充分，现场未带专用仪器、绝缘手套和绝缘垫，使抢修工作失去防护。

四、防范措施

（1）现场工作人员应严格执行《国家电网公司电力安全工作规程（线路部分）》，检修、施工要使用工作票，事故应急抢修应使用事故应急抢修单，并召开班前会，组织讨论作业的技术措施和安全措施是否完备、危险点分析是否全面，对全体作业人员进行安全交底和危险点告知。

（2）工作前应详细核对电缆标志牌的名称、编号与工作票（事故应急抢修单）所填写的是否相符，对所抢修的电缆逐条验电、放电、接地，交代安全措施后方可开始工作。有关人员应按规程规定使用绝缘垫，戴绝缘手套。

（3）对于外力或接头爆炸等故障点明显的电缆故障，应对故障点充、放电确认，做好安全措施后，再开始工作；对于未见明显故障点的电缆，应采取信号法加以判别，确切证实电缆无电后，再使用绝缘刺锥钉入电缆芯，做好安全措施后方可开始工作，扶绝缘柄的人应戴绝缘手套并站在绝缘垫上。

（4）加强运行管理，电缆名称应与实际运行方式相符。电缆改变接线和更名后，电缆编号牌、图纸、资料、调度模拟图板、变电站模拟图板、开关柜上的双重编号都要及时更改，形成闭环管理。

（5）认真、扎实开展反违章活动，通过组织对国家电网公司系统近年来各种事故案例的学习，使大家深刻认识违章的危害性和反违章的重要性和紧迫性，提高员工反违章的自觉性和主动性，养成自觉遵章守规的良好习惯，减少、杜绝各类事故的发生。

（6）提高现场作业人员的自保和互保意识，加强作业防护，自觉使用劳动保护用具、用品，对于发现的违章行为要敢于提醒和制止，真正做到"三不伤害"。

（7）分专业、分工种搞好业务技术培训和安全教育，培训和教育要有针对性，要注重效果，避免图形式、走过场，通过培训和教育，应达到业务技术水平有所提高、安全意识有所增强的目的。

（8）深刻吸取事故教训，以此为戒，认真查找事故根源，制定防范措施，杜绝此类事故的再次发生。

从事低压间接带电作业，不使用工作票，安全防护措施不当，造成人身触电死亡事故。

案例⑪

带电作业违规程　触电死亡一命终

学规程

《国家电网公司电力安全工作规程（线路部分）》

10.11.1、10.11.2 条规定：低压带电作业应设专人监护。使用有绝缘柄的工具，其外裸的导电部位应采取绝缘措施，防止操作时相间或相对地短路。工作时，应穿绝缘鞋和全棉长袖工作服，并戴手套、安全帽和护目镜，站在干燥的绝缘物上进行。

《农村低压电气安全工作规程》（DL 477—2001）

5.1.3 条规定：凡是低压间接带电作业，均应使用低压第二种工作票。

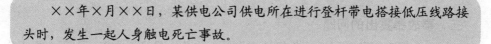

××年×月××日，某供电公司供电所在进行登杆带电搭接低压线路接头时，发生一起人身触电死亡事故。

一、事故经过

××年×月××日供电所所长通知本所安全员周××安排人员去自来水厂机房安装配电板、照明线路及进行自来水厂机房临时施工电源的拆除和新电源的接引。周××安排农电工税××和叶××去完成此项工作。8 月 12 日，供电所员工范××到所里上班时，将 11 日填好并已经盖上"已执行"章的派工单交给了叶××。由于自来水厂工作内容多、材料不够，叶××、税××两人当天没有完成此项工作，但也未向供电所汇报。8 月 13 日，叶××、税××两人在供电所不知情的情况下，再次到自来水厂继续工作。由于 2 号杆（8m 电杆，距水厂机房约 20m）上预留搭接的导线长度不够，两人重新放了 3 根线，准备下午搭头接线。18 时许，叶××到水厂机房楼上安装开关、插座，税××到水厂支线 2 号杆搭头接线。18 时 20 分左右，当叶××装完开关、插座下楼到电杆前，发现税××左手抓着线头向右倾倒在横担和导线上，经抢救无效死亡。

二、事故原因

（1）税××在进行低压间接带电搭接导线时，违反了《国家电网公司电力安全工作规程（线路部分）》10.11.2 条的规定，未穿绝缘鞋，未戴手套，在无人监护的情况下，独自登杆进行低压带电作业，工作时不慎碰到带电导线，触电后没有被及时发现，没有及时进行抢救。

（2）无工作票作业，违反《农村低压电气安全工作规程》（DL 477—2001）5.1.3 条的规定，未根据工作任务的需要，使用低压工作票，而是使用派工单，致使工作采用停电作业或间接带电作业的方式，工作负责人、监护人不明确，危险点不清楚，现场安全措施落实不到位。

（3）在无人监护的情况下进行工作，违反了《国家电网公司电力安全工作规程（线路部分）》10.11.1 条的规定，叶××在税××登杆带电搭头接线时，没有对其进行监护。

（4）现场工作人员安全意识淡薄，自保、互保意识不强。

三、事故暴露出的问题

（1）安全管理混乱。用派工单代替工作票；作业人员当天收工后，不汇报工作任务完成情况，供电所负责人也未主动了解；违反工作管理程序，工作还未进行就在派工单上盖好"已执行"章。

（2）严重违章。此次低压作业未执行工作票制度，未明确工作负责人、监护人，未执行工作监护制度，低压间接带电搭接导线作业无人监护，造成税××触电后未及时发现和组织抢救，丧失了抢救的最佳时机。

（3）对低压间接带电作业的风险认识不够，在布置工作任务时，忽视作业中的风险，没有进行危险点告知，没有制定可靠的安全措施，工作人员力量安排不足，作业人员安全保护措施不全。

（4）防范风险的意识不强。现场作业人员对停电作业和低压间接带电作业的安全措施不清楚，自我保护意识不强，单人登杆进行低压带电搭接导线，不穿绝缘鞋，不戴手套，不要求监护，也不采取相关的安全防护措施就登杆开始作业，自我防护能力差。

四、防范措施

（1）立即将事故通报系统各单位，在全系统开展安全生产大讨论，认真剖析事故原因，吸取事故教训，举一反三查找安全管理中的薄弱环节，制定整改措施 ，坚决杜绝类似事故发生。

（2）进一步加强安全管理工作，健全和完善安全生产管理制度，堵塞安全管理漏洞，夯实安全基础。

（3）继续深入开展反违章活动，对照《国家电网公司典型违章 100 条》，结合本人工作实际，认真查找各种形式的违章行为。重点放在管理性违章和行为性违章的查找，弄清违章行为的危害和产生的严重后果，认识到"违章指挥等于杀人，违章作业等于自杀"，牢固树立"三不伤害"原则。

（4）进行此类作业，应根据工作任务办理低压工作票。采用停电搭接时使用第一种工作票，采用间接带电作业使用第二种工作票。

（5）明确工作负责人、监护人，由工作负责人召开班前会，进行人员分工和危险点分析，制定现场安全措施。根据工作任务，配备工作人员。

（6）在进行低压间接带电作业时，要使用合格的有绝缘柄的工具，其外裸的导电部位应采取绝缘措施，防止操作时相间或相对地短路。工作时，应穿绝缘鞋和全棉长袖工作服，并戴手套、安全帽和护目镜，站在干燥的绝缘物上进行。当现场条件、作业环境不具备间接带电作业条件时，应申请改变作业方式，在停电的条件下作业，切不可心存侥幸，盲目蛮干。

（7）进行电压间接带电作业应有专人进行监护，监护人要对带电工作人员进行认真监护，及时纠正其不安全行为。

（8）强化安全教育和培训，提高职工安全意识和遵章守规的自觉性。提高现场作业人员的自保和互保意识，按规程规定做好安全防护，养成良好的安全作业习惯。

违章作业，在无人监护、未经任何人批准的情况下，擅自攀登运行中的电力线路电杆，触电高处滑落，导致人身死亡。

案例⑫

安装低压表箱　违章触电身亡

学规程

《国家电网公司电力安全工作规程（线路部分）》

2.5.1 条规定：工作许可手续完成后工作负责人、专责监护人应向工作班成员交代工作内容、人员分工、带电部位和现场安全措施，进行危险点告知，并履行确认手续，装完工作接地线后，工作班方可开始工作。工作负责人、专责监护人应始终在工作现场，对工作班人员的安全进行认真监护，及时纠正不安全的行为。

2.3.11.5 条第二款规定：工作班成员应严格遵守安全规章制度、技术规程和劳动纪律，对自己在工作中的行为负责，互相关心工作安全，并监督本规程的执行和现场安全措施的实施。

××年×月××日，某县供电公司在进行低压电表安装工作中，因现场作业人员违章作业，工作负责人监护不到位，发生人身触电死亡事故。

一、事故经过

××年×月××日，某县供电公司××供电所农电工赵××、崔××、高××（死者，25 岁）三人在××村进行低压电表箱安装工作，赵××为工作负责人。具体任务是安装两个电表箱并停电在 5 号、6 号杆处分别进行接引工作。由于天气闷热潮湿，上午安装一个电表箱后，未在 5 号杆接引线，工作暂停，16 时继续工作。

当天下午的工作任务是先安装一个电表箱，然后停电对两个电表箱进行低压接引线。在下午施工开始之前，工作负责人赵××交代了工作任务、安全注意事项并进行简单的工作分工。高××作为主要施工作业人员负责安装电表箱和停电后上杆接引线。

在进行电表箱安装工作中，高××在梯子上进行电表箱安装和配线，崔××扶梯子，赵××在地面配合并负责监护。16 时 30 分左右，高××说身体不舒服，赵××怀疑其中暑，让他下来休息。高××下梯子到旁边树荫处休息。崔××上梯继续作业，赵××扶梯并监护。

17 时左右，电表箱安装工作结束。赵××和崔××找高××，准备进行停电接引线工作，发现高××不知去向。分头寻找后，赵××发现高××斜倚在 5 号低压电杆上（该电杆为上午已安装电表箱需在此进行接引作业的电杆，地点位于下午电表箱安装处南侧约 50m 位置，之间相隔蔬菜大棚和树木，且有一定角度，从下午作业现场到该电杆无法直视），身上系有安全带，安全帽、绝缘鞋等安全和劳动防护用品齐全，安全带未系在电杆上，电杆下散落个人工器具、金具和登杆脚扣。当时高××脉搏微弱，赵××和崔××在现场进行简单的胸外按压急救后，立即将其送往医院救治，高××经抢救无效在医院死亡。经医生检查，高××右手内侧有瘢痕为触电痕迹。

二、事故原因

1. 直接原因

死者高××安全意识淡薄，严重违章，在工作中间休息时，在无人监护、未经任何人批准的情况下，攀登运行中的电力线路电杆，准备进行金具安装作业，不慎触电从高处滑落，导致人身死亡。

2. 间接原因

（1）现场作业人员安全意识淡薄，风险辨识能力差，工作随意性较大，对工作班成员行为监护不到位，造成休息状态下的工作班成员高××失去安全监护。

（2）作业人员现场管理混乱，保证安全的组织措施执行不到位；工作负责人工作要求不高、管理不严，对工作现场掌控不力；工作班成员缺乏自保互保意识，现场安全措施没有得到有效贯彻执行。

（3）对安全生产的重要性认识不足，安全生产责任没有落实到位，安全生产基础薄弱，农电安全管理不严、不细、不实，安全管理制度流于形式；对农电低压作业现场的管理控制不到位，对作业现场的违章行为查处和考核力度不够。

（4）安全教育培训不到位，职工培训针对性、实效性不强，职工安全意识和安全能力较低，对危险点分析和控制不力。

三、事故暴露出的问题

（1）员工安全素质不高。农电工高××严重违反《国家电网公司电力安全工作规程（线路部分）》的规定，未经批准私自作业，工作负责人对工作班成员失去监控，班组成员互保意识不强等问题，说明员工安全辨识和控制能力不强，安全素质亟待提高。

（2）现场安全控制不力。供电所对施工作业现场的管理薄弱，工作现场管理混乱，反映出安全监督部门和有关管理部门对施工作业，特别是低压小现场的施工作业检查不够、疏于管理，没有落实安全管理重点在基层、关键在现场的工作要求。

（3）安全责任不落实。各级管理人员到岗到位制度落实不够，供电所长、安全监察人员、工作负责人、作业人员都未能切实履行好自己的职责。

（4）危险点分析和控制流于形式。尽管进行了危险点分析和制定了安全防范措施，也填写了安全作业措施票，但是作业人员现场操作过程却不按要求执行，危险点控制措施形同虚设。对于危险点的控制和防范不到位，不能认真落实安全措施和技术措施的要求。

（5）规章制度执行不严。个别员工对制度和规程置若罔闻，存在"执行疲劳"现象，各项规章制度的要求不能落到实处。

（6）安全培训不力。安全教育和安全培训工作与实际结合不够，缺乏针对性和有效性，没能切实提高现场作业人员的安全意识和技能水平。

四、防范措施

（1）将此次事故情况通报各单位，要求各单位组织人员学习事故通报，对事故进行全面的分析，结合自身实际，对照工作中的漏洞，举一反三，吸取事故教训，提出防范措施。

（2）各单位领导要提高对安全生产工作的认识，把安全生产放在各项工作的首要位置，落实"谁主管、谁负责"和行政正职是第一责任者的安全管理原则，切实提高各级人员的安全意识和责任意识。

（3）加强制度建设，规范工作流程和工作标准。按照国家电网公司有关要求，补充和完善安全管理制度，认真落实县级供电企业安全管理工作基本流程，从程序上和制度上有效掌控安全生产的各个环节，消除管理性违章等安全隐患，保证生产工作的安全、有序开展。

（4）强化农电作业现场的安全管控，特别是对小现场的控制。加大对作业现场的督导、检查力度，不定期抽查现场安全管理工作，促进农电安全管理各项工作的落实。严格执行标准化作业指导书，规范作业人员的行为，保证各项安全措施落实到位。

（5）加大对危险点的分析和预防控制。加强安全风险控制，增强各级人员安全风险管理意识，针对可能导致人身伤害或人员责任事故的危险点采取各种控制措施，做到现场作业人员危险点清楚，安全措施到位，达到预防事故、确保人身安全的目的。

（6）进一步加强违章行为的查处和纠正，严肃劳动纪律，严格队伍管理，加大反违章监察力度，对各种违章行为，要严肃处理。

（7）加强安全工器具使用管理，所有作业现场安全工器具的领用必须经现场工作负责人同意。

（8）加强安全教育和培训工作。分层分级确定培训重点，创新培训形式，拓展培训内容，尤其是对一线作业人员要开展有针对性的专业培训，切实提高现场作业人员的安全意识和技能水平。分级分批对各级管理人员和员工进行安全教育培训和考试，重点学习《国家电网公司电力安全工作规程（线路部分）》和有关安全生产的规章制度。

（9）开展安全生产大讨论，每个员工要结合本次事故暴露出的问题，结合本职工作，写出深刻的学习体会，举一反三，使每个员工真正受到教育。

（10）提高现场作业人员的自保和互保意识，工作负责人、专责监护人要对工作班人员的安全进行认真监护，及时纠正其不安全行为。工作班成员应严格遵守安全规章制度、技术规程和劳动纪律，对自己在工作中的行为负责，首先要做到不伤害自己，预防人身伤害事故的发生。

> 无票违章作业，在无人监护的情况下，邻近带电设备工作，未与带电设备保持安全距离，导致人身触电事故发生。

案例⑬

违章作业无人监护　触电死亡一命呜呼

学规程

《国家电网公司电力安全工作规程（线路部分）》

2.3.2 条规定：在停电的线路上的工作、在全部或部分停电的配电设备上的工作，应填用第一种工作票。

3.3.2 条规定：验电时人体应与被验电设备保持安全距离（10kV 及以下为 0.7m），并设专人监护。

3.4.1 条规定：各工作班工作地段各端和有可能送电到停电线路工作地点的分支线（包括用户）都要验电、装设接地线。

> ××年×月××日，某供电公司供电所在没有停电计划、没有办理工作票的情况下，检修 10kV 隔离开关，作业人员误碰断路器带电侧接线柱，造成人身触电死亡事故。

一、事故经过

××年×月××日，某供电公司供电所所长周××，在没有停电计划、没有办理工作票的情况下，安排安全员郭××和农电工甘××对 10kV××线××支线 10 号杆上的隔离开关进行检修（见图 1-1）。在没有明确工作负责人的情况下，郭××和甘××带着验电器、接地线和登杆工具到达检修现场。甘××未经请示、

48

许可，就用绝缘拉杆断开了××支线 10 号杆上的 FF19F-03 柱上开关。同时，郭××向所内值班员刘××电话请示断开××线（主干线）的断路器，做好安全措施并要求所里通知××支线另一侧××水电站停机配合。随后，甘××在没有得到××线已停电、××水电站停机配合的电话回复，也没有任何工作许可的情况下，即自行拉开了 FF19F-031 隔离开关（与 FF19F-03 柱上开关同杆安装），接着准备验电。在郭××到摩托车上取验电器时，甘××登上了断路器支架，误碰到油断路器支柱绝缘子小水电上网侧接线柱，触电从杆上坠落死亡。接线示意图如图 1-1 所示。

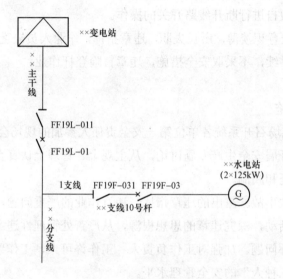

图 1-1　接线示意图

二、事故原因

（1）甘××在无人监护的情况下，登杆验电，违反《国家电网公司电力安全工作规程（线路部分）》3.3.2 条的规定，登杆验电触及带电设备。

（2）违章指挥。所长周××在没有停电检修计划，未开具工作票，未明确工作负责人，未交代现场安全注意事项的情况下，盲目安排设备检修。

（3）无票作业。作业人员违反《国家电网公司电力安全工作规程（线路部分）》2.3.2 条对工作票制度的规定，线路停电检修隔离开关不使用工作票，现场安全措施落实不到位，工作许可制度和工作监护制度没有得到严格执行。

（4）现场作业人员自保、互保意识差。甘××自我安全防护能力差，在未得到线路已停电，可以验电命令的情况下，冒险作业。郭××作为事实上的监护人，没有尽到监护责任，在未得到申请的线路和小水电站已停电的情况下，未制止甘××冒险登杆的违章行为，互保意识差。

三、事故暴露出的问题

（1）现场安全生产管理混乱，工作安排随意。所长违章指挥，在未提前向调度提报停电计划、未开具工作票的情况下，派作业人员从事电气作业。现场作业人员未经调度许可，擅自进行断开线路开关的操作。

（2）员工安全意识淡薄。所长失职，违章指挥，作业人员缺乏自保、互保意识，不履行工作许可手续，不采取安全措施，违章冒险登杆作业。

四、防范措施

（1）在事故现场召开系统各单位第一安全责任人参加的现场会，剖析事故原因，吸取事故教训，开展安全生产专题讨论，从主观上、管理上认真查找本单位在安全生产上存在的问题和漏洞。

（2）根据本次事故暴露出的违章指挥、违章作业的严重问题，在全系统进一步深入开展反违章活动，深究违章的思想根源，从严查处管理性违章和行为性违章，重点解决违章指挥问题。加强对工作负责人、工作许可人、工作票签发人的安全管理培训，提高"三种人"的安全管理水平。

（3）加强现场安全生产管理，开展标准化作业。重点抓好两票执行和《国家电网公司电力安全工作规程（线路部分）》的贯彻落实，落实各级管理人员到岗到位的工作要求，加强对现场作业的安全监督和检查，把确保人身安全放在首位。

（4）组织现场勘察，开好班前会，进行危险点分析，制定安全防范措施，进行人员分工和技术交底。

（5）履行工作许可手续。工作负责人只有得到工作许可人的工作许可，才能组织现场作业；工作班成员在得到工作负责人开工命令后，方能开始作业。严禁任何人擅自组织作业和工作班成员擅自作业。

（6）落实好保证安全的技术措施和个人防护措施。在得到许可工作的命令后，工作负责人带领工作班成员进入作业现场，完成停电、验电、挂接地线等措施后，方可开始工作。现场作业人员应按规定使用安全防护工器具和个人防护用具，提高个人防护能力。

（7）对有小水电或其他反送电源的，要采取停电或可靠隔离的防范措施。

（8）提高现场工作人员的自保、互保意识，做到"三不伤害"。

变电站利用设备停电之机，安排值班人员清扫设备，误入带电间隔，造成触电死亡事故。

利用设备停电之机清扫设备　误入带电间隔触电身亡

学规程

《国家电网公司电力安全工作规程（变电部分）》

3.4.1 条规定：工作许可手续完成后，工作负责人、专责监护人应向工作班成员交代工作内容、人员分工、带电部位和现场安全措施，进行危险点告知，并履行确认手续，工作班方可开始工作。工作负责人、专责监护人应始终在工作现场，对工作班人员的安全认真监护，及时纠正不安全行为。

4.5.3 条规定：在室内高压设备上工作，应在工作地点两旁及地面运行设备间隔的遮栏（围栏）上和禁止通行的过道遮栏（围栏）上悬挂"止步，高压危险！"的标示牌。

××年××月×日，某县电业局某 110kV 变电站利用设备停电之机，安排值班人员清扫设备，误入带电间隔，造成触电死亡事故。

一、事故简要经过

××年××月×日，某县电业局电器设备厂按计划对某 110kV 变电站 1 号主变压器进行除锈喷漆工作。当天上午 8 时 48 分，该变电站正值杨×和副值邢×（女，22 岁，工作许可人）按规定操作完毕后，电气设备厂工作人员开始工作，此时该站 110kV 母线和东电压互感器仍然带电。

利用设备停电之机，变电站站长安排值班员杨×、韩×和邢×清扫停电设备（原工作票中无此项工作，属搭票作业）。11 时 20 分，当清扫完 35kV 设备，准备清扫

110kV 的 111 断路器、隔离开关和电流互感器时，韩×和邢×误将梯子放到相邻的 110kV 东电压互感器隔离开关构架上。邢×先上构架，在接近 B 相时引起放电，造成 B 相、C 相通过邢×弧光短路，邢×当时被严重烧伤，在场人员立即将其送往医院抢救，终因伤势过重，于次日早上 6 时 30 分死亡。

二、事故原因

（1）变电站站长违反《国家电网公司电力安全工作规程（变电部分）》3.4.1 条和 4.5.3 条的规定，没有向值班员交代带电部位和现场安全措施，未进行危险点告知，没有安排在运行设备间隔的遮栏（围栏）上悬挂"止步，高压危险！"的标示牌，致使邢×误入带电间隔。

（2）变电站站长没有对韩×和邢×进行认真的监护，没有发现和制止韩×和邢×误将梯子放到相邻的 110kV 东电压互感器隔离开关构架上的危险行为。

（3）工作人员安全意识淡薄，没有采取任何安全措施盲目作业。

三、暴露出的问题

（1）变电站安全管理混乱，清扫停电设备不办理工作票，搭票作业，违反《国家电网公司电力安全工作规程（变电部分）》相关规定，没有采取保证安全的组织措施和技术措施，没有对作业人员进行认真的监护，暴露出安全管理工作存在诸多不足，管理人员对安全工作要求不高、管理不严、管理不规范。

（2）值班人员工作责任心不强，在准备清扫 110kV 的 111 断路器、隔离开关和电流互感器时，却误将梯子放到相邻的 110kV 东电压互感器隔离开关带电设备构架上，暴露出员工素质低下，职工教育、培训不到位。

（3）安全意识和风险意识不强，工作人员执行《国家电网公司电力安全工作规程（变电部分）》的自觉性差，自我保护意识淡薄，对作业中存在的危险点辨识与控制能力不强。

四、防范措施

（1）强化安全管理，坚决消除各类违章行为，认真学习领会"违章就是事故之源，违章就是伤亡之源"，深入分析和解决违章行为背后的深层次原因和问题，从严格监督和激励引导两方面，进一步强化反违章工作，不断提高安全工作水平，切实增强全体员工遵章守纪的自觉性和主动性。

（2）严格执行《国家电网公司电力安全工作规程（变电部分）》的各项规定，严格执行工作票制度，变电站值班人员从事设备清扫工作必须办理工作票，不得搭票作业。

（3）在停电的电气设备上工作，必须严格遵守先验电、挂接地线，再进行作业的规定，即使在已知停电的情况下，也必须严格遵照执行，万万不可粗心大意。

（4）工作监护人应切实负起监护职责，应向现场工作人员交代现场安全措施、带电部位和其他注意事项，对作业人员进行认真的监护，及时纠正不安全的行为，任何情况下不准失去对被监护人的监护。

（5）带电运行的间隔应悬挂"止步，高压危险！"的标示牌。变电站值班人员作业时应保持头脑清醒，严防误入带电间隔。

（6）在断路器构架上工作应系安全带、戴安全帽，做好自我保护工作。

（7）加强对工作人员安全知识和业务技能培训，提高其安全意识和业务素质水平，提高其危险点辨识与控制能力。

案例⑮

申请停电线路名称错误　违章作业触电坠落身亡

学规程

《国家电网公司电力安全工作规程（线路部分）》

3.3.1 条规定：在停电线路工作地段装接地线前，应先验电，验明线路确无电压。验电时，应使用相应电压等级、合格的接触式验电器。

3.4.1 条规定：线路经验明确无电压后，应立即装设接地线并三相短路。

各工作班工作地段各端和有可能送电到停电线路工作地段的分支线（包括用户）都要验电、装设工作接地线。

工作接地线应全部列入工作票，工作负责人应确认所有工作接地线均已挂设完成方可宣布开工。

　　××年×月××日，某县供电公司在从事 10kV 线路拆除施工工作中，由于工作负责人申请停电的线路名称错误，作业前又没有履行验电、装设接地线等保证安全的技术措施，发生一起人身触电死亡事故。

一、事故经过

　　××年×月××日，某县供电公司供电所从事××变电站 10kV××线（新 31 断路器）主干线 8 号杆支线拆除施工，工作负责人（维护班长）胡××却向县调申请××变电站 10kV×××线（新 30 断路器）停电。9 时左右，胡××带领工作班成员叶××（线路维修工）到××线 8 号杆处，交代工作任务后，带着由叶××填写的 10kV××线（新 31 断路器）第一种工作票，到××变电站办理开工手续。9时 42 分，县调令××变电站 10kV×××线停电。工作负责人胡××在变电站看到 10kV×××线已停电，用手机通知在 10kV××线 8 号杆处等候的叶××："电已停下，等我来后开工"，便去主控室办理工作许可手续。叶××接到电话后，在无人监护的情况下，未对 10kV××线进行验电、挂接地线，便登杆作业，触及带电导线触电后坠落地面，经抢救无效死亡。

二、事故原因

（1）停电申请错误。工作负责人胡××严重失职，对当天工作应停电的线路名称不清楚，对叶××填写的 10kV××线（新 31 断路器）第一种工作票没有进行审查、确认，本应申请 10kV××线主干线停电，却错误地向调度申请 10kV×××线停电。

（2）县调度审批停电申请不认真，把关不严。县调对所申请的停电作业任务、停电线路、工作范围等审批不严格，没有发现工作负责人申请停电的线路与工作票上所填写的线路不一致的严重错误。

（3）变电站运行人员责任心不强，没有发现工作票上所填写的施工线路与申请停电的线路不一致，错停线路。

（4）现场作业人员严重违章。作业人员叶××违反《国家电网公司电力安全工作规程（线路部分）》3.3.1 条和 3.4.1 条的规定，违章作业，没有按照工作负责人胡××"等我来后开工"的要求，在没有人监护、线路未验电、未装设接地线、未经工作许可的情况下，擅自登杆冒险作业，触及带电的 10kV 线路造成触电。

三、事故暴露出的问题

（1）现场安全管理混乱。工作负责人没有认真履行安全责任，工作不认真、不细致，申请停电时未认真核对停电的线路与工作票所列的线路名称是否一致；县调对停电申请审查不严格。

（2）习惯性违章严重。现场作业人员在工作负责人（监护人）还未到现场，作业地段线路未验电未装设接地线的情况下，就开始登杆作业，高处作业未系安全带。

（3）安全意识淡薄，工作负责人、工作班成员、调度值班人员相继出现一系列违章和失职行为。

四、防范措施

（1）根据事故的一系列严重违章现象，组织全系统进行安全生产大讨论。认真查找违章根源，深刻认识"违章就是事故之源、违章就是伤亡之源"，加大反违章工作的力度。

（2）根据工作计划和工作任务，由工作负责人组织对拆除线路进行现场勘察，查看施工需要停电的范围、保留的带电部位、作业现场的环境条件和危险点等，核对作业范围的设备状态和编号。召开班前会，进行危险点分析，制定安全和预控措施，明确人员分工，向全体工作班成员进行安全技术交底，准备施工需要的材料和工器具。

（3）按停电工作程序办理停电申请，根据工作任务和现场勘察所掌握的情况，填用第一种工作票。

（4）调度值班人员收到工作票后，应认真审查核对，确认工作任务、停电范围，然后再命令变电站运行人员进行操作。

（5）履行工作许可手续，在得到工作许可人的许可后，工作负责人组织工作班成员进入作业现场。

（6）逐项落实现场保证安全的技术措施，停电、验电、装设接地线、按规定悬挂标示牌、设置围栏。工作负责人在确认所有工作接地线均已挂设完成后方可宣布开工，作业人员此时才能登杆工作。

（7）认真做好对作业人员的监护，正确使用安全工器具和劳动防护用品，及时纠正作业人员的不安全行为。

（8）加强职工全员教育培训，提高其安全意识和业务技能水平，提高其自保和互保能力，防止各种事故发生。

> 无票作业，工作未终结，盲目操作送电，导致作业人员触电身亡。

案例⑯

工作未完就送电　触电死亡泪惨然

学规程

《国家电网公司电力安全工作规程（线路部分）》

3.4.1 条规定：各工作班工作地段两端和有可能送电到停电线路工作地段的分支线（包括用户）都要验电、装设工作接地线。验电，装、拆接地线应在监护下进行。

2.7.1 条规定：完工后，工作负责人（包括小组负责人）应检查线路检修地段的状况，确认在杆塔上、导线上、绝缘子串上及其他辅助设备上没有遗留的个人保安线、工具、材料等，查明全部工作人员确由杆塔上撤下后，再命令拆除工作地段所挂接地线。接地线拆除后，应即认为线路带电，不准任何人再登塔进行工作。

2.3.5 条规定：事故应急抢修可不用工作票，但应使用事故应急抢修单。

××年×月××日，某县供电局在更换 10kV 跌落式熔断器时，由于工作缺乏统一组织，作业未设置安全措施，无票作业，工作未终结即盲目操作送电，导致作业人员触电身亡。

一、事故经过

××年×月××日上午，某某供电所售电员李××接到 10kV××线（××线有3条支线）停电的报告。李××电话向所长马××进行了汇报（马××不在所内）。马××电话安排兼职安全员王×拉开××线的跌落式熔断器。在王×拉开××线的跌落式熔断器后，李××电话通知××线运行管理农电工王××、姜××、蒋

×分别巡视 3 条支线。农电工王××巡线中发现××分支 25 号杆上 B 相跌落式熔断器断裂，10 时左右农电工王××用电话向马××报告故障情况，马××电话安排农电工王××更换该组熔断器。在领料时安全员王×交代农电工王××要采取安全措施，装设接地线。农电工王××说："我做完后电话告诉你送电。"随后农电工王××找到雷××协助工作，农电工王××未采取任何安全措施即开始工作。

11 时许，农电工姜××巡线结束后通知供电所售电员李××可以送电，李××未询问其姓名，误以为是农电工王××，就通知安全员王×送电。王×问李××："活干得这么快吗？是王××来的电话吗？"李××说："是王××。"安全员王×也没有按与农电工王××的事先约定亲自核对，就按李××的传达，去操作送电，造成正在杆上更换跌落式熔断器的农电工王××触电死亡。

二、发生事故的主要原因

（1）农电工王××在所内未明确工作负责人、未明确工作许可人及相应的工作班人员、未填用事故应急抢修单的情况下，接受所长马××的安排，单人进行电气作业，并在工作地段未验电、未装设接地线的情况下更换跌落式熔断器。安全员王×在售电员李××通知送电时，虽然对售电员李××告知的农电工王××更换跌落式熔断器工作已完毕有疑问，但其并未按事先的约定与农电工王××再次核实，就盲目送电，致使正在杆上更换跌落式熔断器的农电工王××触电。

（2）售电员李××作为所内的值班人员，在接受农电工姜××的电话汇报时，未询问清楚对方的姓名，未记录汇报的内容，即认为更换跌落式熔断器工作已完毕，通知安全员王×送电。

（3）所长马××工作安排不当，违章指挥。故障巡线未明确工作负责人，用电话分别安排农电工王××单人更换跌落式熔断器，安全员王×单人操作停电、送电，无人监护；未填用事故应急抢修单，未确定工作班成员并统一布置任务，未进行危险点告知、交代安全措施和技术措施，致使参与巡线的人员对整体任务不清楚，相互的工作任务不了解，没有采取任何安全措施。

三、事故暴露出的问题

（1）安全生产管理薄弱，工作随意性大。在进行线路故障巡线及抢修时，缺乏统一的组织、协调和工作安排：从事 10kV 线路设备故障处理时，不使用事故应急抢修单，安排单人从事电气作业；指派所内售电员从事值班工作，业务联系不规范；现场人员汇报工作，未通报姓名，未核对汇报的工作内容；工作信息缺乏沟通，在查出故障点、已安排抢修的情况下，未向其他巡线人员通报情况。

（2）现场施工作业保证安全的组织措施和技术措施落实不到位。未严格执行《国家电网公司电力安全工作规程（线路部分）》的工作许可制度、工作监护制度、工作终结和恢复送电制度，在没有认真核实作业是否结束的情况下，盲目送电。现场作业人员未采取任何安全措施，违章作业。

（3）安全生产关键岗位人员安全素质不高，工作责任心不强。所长违章指挥，安排单人从事10kV电气作业；安全员在无人监护的情况下单人操作10kV电气设备。

（4）检修管理工作无序。故障处理、设备检修工作安排不当，人员安排不合理，现场作业和操作无人监护，未明确停送电操作与检修作业间的联系程序。

（5）人员安全意识差，缺乏对作业中风险的辨识能力和自我保护能力。

四、防范措施

（1）立即将触电死亡事故通报系统各单位，深刻吸取事故教训，剖析事故根源，结合本单位实际，开展安全大检查。组织安全生产大讨论，重点查找各种形式的违章行为，制定整改措施，提高对违章行为的查处力度。

（2）认真组织学习《国家电网公司电力安全工作规程（线路部分）》，根据本人的工作实际重点学习有关章节，牢记规程规定，落实防范措施。对于保证安全的组织措施和技术措施，必须严格地、不折不扣地加以执行，不能存有半点侥幸心理。

（3）加强安全生产管理。在进行线路故障巡视及抢修时，应按规程规定使用事故应急抢修单，进行统一组织，并进行合理的人员分工，处理线路、设备故障，操作电气设备，要有专人监护，严禁单人工作。工作前，应召开工作人员会议，明确工作任务和人员分工，交代安全注意事项。

（4）严格执行事故应急抢修工作流程。巡线人员发现故障点后，将故障情况向工作负责人汇报，工作负责人根据故障点设备的调度管理权限，向有权调度指挥操作的值班人员汇报，提出临时检修申请。在得到值班调度人员的同意后，工作负责人办理事故应急抢修单；组织进行危险点分析，交代安全防范措施；明确工作班成员的分工，组织准备施工材料和工器具；组织做好抢修工作，落实好现场安全措施；工作结束后，工作负责人应确认全部工作人员撤离工作地点、设备上无遗留物后，拆除接地线，办理工作终结手续；值班调度人员在确认全部工作已完毕，所有工作人员已经撤离，接地线已全部拆除后，下令恢复线路供电。

（5）强化安全教育和培训，特别是安全生产关键岗位人员的培训，提高工作票签发人、工作许可人、工作负责人的安全意识和安全生产水平。杜绝违章指挥和管理性违章，重点防止人身伤害事故的发生。

（6）规范电话联系程序。现场作业人员向工作负责人或值班人员汇报工作，应通报本人姓名、工作地点和工作内容，工作负责人或值班人员应对作业人员的姓名、工作地点和工作内容进一步确认，值班人员对通话内容要做好记录备查。

（7）提高现场作业人员的自我保护能力，自觉加强安全防护，保证自身安全。

无票作业属违章　误登电杆触电亡

学 规 程

《国家电网公司电力安全工作规程（线路部分）》

2.3.2.1 条规定：在停电的线路或同杆（塔）架设多回路中的部分停电线路上的工作，应填用第一种工作票。

2.2.1 条规定：进行电力线路施工作业，工作票签发人或工作负责人认为有必要现场勘察的检修作业，施工、检修单位应根据工作任务组织现场勘察，并填写现场勘察记录。

2.2.2 条规定：现场勘察应查看现场施工（检修）作业需要停电的范围、保留的带电部位和作业现场的条件、环境及其他危险点等。

3.4.1 条规定：各工作班工作地段各端和有可能送电到停电线路工作地段的分支线（包括用户）都要验电、装设工作接地线。

　　××年××月××日，某县电业局在 10kV 配电线路检修工作中，由于工作班组无票作业，在工作中擅自变更工作地点，致使工作人员误登带电电杆，导致一人触电死亡的事故发生。

一、事故经过

××年××月××日 9 时许，某供电所二班班长白×× 与所安全员卢×× 计划扶正 10kV A 西线 70 号、71 号 A 村变压器台（H 型变压器台）电杆和 C 东支线（T 接于 A 西线 45 号杆）6 号、7 号变压器台（H 型变压器台）电杆（见图 1-2）。卢××

电话通知农电工徐×到 A 村变压器台和 C 东支线变压器台，把两个变压器台杆根挖开松土。但徐×却来到其管辖线路 B 变压器台前 2 基杆 B 支线（T 接于 A 西线 11 号杆）16 号杆处松土。卢××、白××监护操作人员拉开了 10kVA 后西线 22 号杆上的隔离开关，并在 23 号杆装设了接地线后，卢××电话联系徐×，徐×告诉其在 B 变压器台。随后卢××、白××来到此处时，见徐×正在挖开 B 支线 16 号杆杆基的回填土，卢××、白××都以为 B 支线是从 A 西线 22 号杆线路开关以下 T 接的，是在停电区域内，默认了变更工作地点，并随即准备工作。检查拉线时，发现拉线的 UT 线夹已紧到位，需要几个大号螺母垫上。卢××安排徐×去找配件，白××则准备上杆解开导线绑线，卢××说："你先别上杆，我去车里取验电器。"卢××正走在途中，听到放电声，回头发现白××已经触电，经抢救无效死亡。

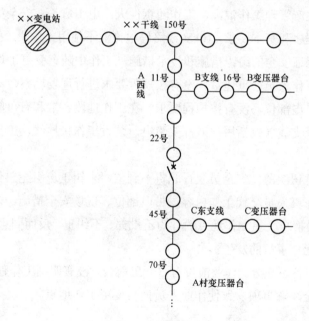

图 1-2　接线示意图

二、事故原因

（1）电工班长白××、安全员卢××没有进行现场勘察，没有统筹安排当天的工作，对当天作业停电的范围不清，当来到徐×擅自变更的 T 接于 A 西线 11 号杆 B 支线 16 号杆时，都认为此地段也在停电范围内，默认工作地点的变更，认为线路已经停电。在未采取验电、装设接地线等安全措施的情况下，白××不听安全员卢××劝阻，违章登杆作业，触及带电导线，发生触电。

（2）电工班长白××、安全员卢××违反了《国家电网公司电力安全工作规程（线路部分）》2.3.2.1 条的规定，违反工作许可制度的相关要求，不使用工作票，不履行工作许可手续，现场没有采取安全措施，冒险登杆作业。

（3）现场工作组织混乱，未将工作班人员集中，统一交代工作任务，未进行危险点分析和安全交底；工作中电工班长、安全员工作职责不清；徐×擅自变更工作地点，白××、卢××到达现场后，不但不批评不制止，反而同意变更作业地点。

三、事故暴露出的问题

（1）安全生产管理工作混乱，工作随意性大。电工班长、安全员未遵守安全生产工作的基本程序和基本要求，10kV 线路停电作业不使用工作票，不履行工作许可手续，不执行保证安全的组织措施和技术措施，工作中随意变更工作地点。

（2）现场工作人员严重违章。没有按规程要求进行现场勘察，不了解现场停电范围、保留的带电部位，没有按规程要求，在工作地段各端和有可能送电到停电线路工作地段的分支线（包括用户）都要验电、装设工作接地线，工作班成员擅自变更工作地点等。

（3）安全意识淡薄。安全员履行职责不到位，未纠正班组无票作业的严重违章行为，未向工作班人员交代工作内容、带电部位、现场安全措施，未进行危险点告知。对作业人员擅自变更工作地点的行为不批评、不纠正，反而同意变更作业地点，结果导致触电死亡事故的发生。

（4）作业准备不充分。作业前没有召开班前会，没有明确工作任务、工作地点、人员分工和安全注意事项，致使作业人员擅自变更工作地点。

四、防范措施

（1）加强安全管理工作，严格遵守安全生产工作的基本程序和要求。根据工作任务办理工作票，履行工作许可手续。

（2）根据工作计划安排，认真组织现场勘察，明确需要停电的范围、保留的带电部位和作业现场的条件、环境及危险点。

（3）召开班前会，对工作中的危险点进行认真分析，工作负责人应把工作任务、工作地点、人员分工、停电的范围、保留的带电部位、危险点及预控措施向全体工作班成员交代清楚，并进行确认。

（4）工作前要认真核对工作现场的线路名称及杆号，应与工作票上的工作地点、线路名称和杆号相符，并认真落实工作票所列安全措施，严格执行停电、验电、挂接地线等保证安全的技术措施。任何人不准擅自改变工作地点和工作范围。

（5）工作中，监护人员要对作业人员进行认真监护，及时纠正其不安全行为。

（6）在进行电杆扶正工作时，登杆前应先检查杆根是否牢固、埋深是否足够，得到确认后才能安排作业人员上杆绑拉绳，解开导线绑线。等杆上作业人员下杆后，再刨坑松土。对于没有拉线的直线杆，应先打好临时拉线，再刨坑松土。

（7）刨坑松土时，监护人要加强监护，密切注意电杆状态，拉绳人员注意力要集中；校正电杆时，要有人指挥，防止倒杆。

（8）电杆扶正后，分层回填并夯实。电杆基础完全夯实牢固后，再登杆恢复绑线。

> 管理人员未履行监督管理职责，违章解锁，"越位"操作，其他工作人员不提醒、不制止，导致人身触电死亡事故发生。

案例⑱

管理人员违章解锁 "越位"操作触电死亡

学规程

《国家电网公司电力安全工作规程（变电部分）》

2.3.6.4 条规定：操作中发生疑问时，应立即停止操作并向发令人报告。待发令人再行许可后，方可进行操作。不准擅自更改操作票，不准随意解除闭锁装置。解锁工具（钥匙）应封存保管，所有操作人员和检修人员禁止擅自使用解锁工具（钥匙）。若遇特殊情况需解锁操作，应经运行管理部门防误操作装置专责人到现场核实无误并签字后，由运行人员报告当值调度员，方能使用解锁工具（钥匙）。

1.5 条规定：任何人发现有违反本规程的情况，应立即制止，经纠正后才能恢复作业。各类作业人员有权拒绝违章指挥和强令冒险作业；在发现直接危及人身、电网和设备安全的紧急情况时，有权停止作业或者在采取可能的紧急措施后撤离作业场所，并立即报告。

××年×月×日，某市电业局发生一起集控所所长严重违章引起的人身触电死亡事故，集控所所长手掌对开关柜内带电部位放电，经抢救无效死亡。

一、事故经过

××年×月×日，某电业局地调根据申请，安排对 110kV ×× 变电站 3 号主变压器 10kV 侧 6032 隔离开关发热缺陷进行消缺，因考虑白天消缺将造成用户停电，所以安排"零点检修"消缺。停电范围为 3 号主变压器 603 断路器及 10kV Ⅲ段母线，3 时 5 分消缺工作结束。3 时 25 分进行××变电站 3 号主变压器 10kV 侧 603 断路器及 10kV Ⅲ段母线由检修转运行操作。操作任务由监护人刘×、操作人王 ××（女）、协助操作人黄××3 人执行。按照该局各级生产管理人员监督到位标准，××集控所所长潘××（死者，43 岁）、副所长刘×到现场加强监督。4 时 26 分操作到最后一项任务"××变 10kV 652 断路器由冷备用转热备用"，当操作到"合上 6522 隔离开关，查确已合上"时，操作人王××发现 6522 隔离开关合不上，副所长刘×帮忙试合一次，仍未合上。所长潘××让现场人员停止操作，随即从操作人员手里取走电脑钥匙去主控室。4 时 30 分左右，潘××带着电脑钥匙返回开关室，并吩咐黄××去取操作棒。当其他 3 人在开关室门口等待黄××返回时，潘××独自一人使用电脑钥匙将 652 断路器下柜门打开，造成手掌对 6522 隔离开关线路侧带电部位放电（10kV 工农线为配网手拉手线路，带电运行），经抢救无效，于 7 月 1 日 6 时 30 分死亡。

二、事故原因

（1）在操作 10kV××线 652 断路器由冷备用转热备用工作中，××集控所所长潘××不是操作票的操作人和监护人，本应该按照领导到位管理制度的要求，履行管理职责，监督操作人和监护人按章办事，但其在 10kV××线 6522 隔离开关操作合不上时，不是按照《国家电网公司电力安全工作规程（变电部分）》2.3.6.4 条的规定和××集控所现场运行规程的规定，监督操作人员停止操作并汇报调度和部门领导，而是"越位"严重违章，擅自打开 6522 隔离开关柜门导致自身触电，是事故发生的直接原因。

（2）现场人员刘×、刘××、王××、黄××对所长潘××从操作人手里取走电脑钥匙，吩咐黄××去取操作棒的违章行为没有提出异议，没有及时制止，是事故发生的间接原因。

（3）设备缺陷是事故发生的又一原因。由于 6522 断路器 A 相闸刀动触头绝缘护套老化、松动后偏移，闸刀断开时护套卡入动触头与闸刀接地侧的静触头之间，造成闸刀合闸时卡涩合不上。该 GG-1A 型高压开关柜为 20 世纪 60 年代设计的老旧产品，1996 年生产，1997 年投运，原安装有机械程序防误锁，于 2002 年改造为微机防误装置，由于此型号的高压开关柜原设计不完善，不能实现线路有电强制闭锁。

（4）管理层对派往现场加强监督管理的人员教育不够，对监督工作程序和要求没有详细规定，造成管理人员在现场违章指挥和作业，也是事故发生的间接原因。

三、事故暴露出的问题

（1）管理者越位、错位，自保、互保安全意识差。集控所管理者违章并越位直接参与操作，没有人制止，也没有人提出质疑，暴露了现场人员的盲从和在设备异常处理流程上的习惯性违章。现场管理者越位、错位，致使操作、监护、监督关系混乱，其深层次问题也是安全意识淡薄的表现。

（2）反违章工作的深度不够，仍然存在有章不循、违章行为屡禁不止的现象。尽管公司系统制定了一系列安全制度，开展了一系列"反违章、除隐患"安全活动，对违章行为进行了查处，但有章不循的问题依然存在，实际工作中对一线员工违章的查处多，对管理人员的管理性违章查处少。分析这起事故的重要原因就是作为操作现场最高管理人员的集控所所长急于求成，自以为经验丰富，向下越位，带头违章酿成严重后果。

（3）生产管理不严不细，现场组织工作不严密。受电网结构影响以及优质服务的要求，电力部门对配网实施"零点检修"，即安排在夜晚负荷最低、对用户影响最小的时段，进行停电消缺等工作。在这个时段工作，人员容易产生疲劳，并且夏季高压开关室内空气闷热，工作环境比较恶劣。虽然此次事故不一定是人员疲劳引起的，但也暴露了对于这类作业考虑不周、风险估计不足、安全防范措施不到位、安全管理存在漏洞。

（4）领导人员履行安全职责不到位。各级领导人员没有严格落实安全生产"严、细、实、新"的要求，工作不够深入，导致安全管理要求层层衰减，现场安全管理工作出现严重漏洞。

（5）员工安全教育培训不到位。虽然集中举办了各种培训班、技术技能比赛，开展了大量的安全教育培训工作，但培训的实际效果有限，培训的针对性不强，现场工作人员安全意识、安全能力与安全工作的要求仍存在许多差距。

（6）旧设备改造抓得不紧。

四、整改防范措施

（1）深入开展安全生产"百问百查"活动。坚决执行国家电网公司关于开展安全生产和优质服务"百问百查"活动的总体部署，把"百问百查"活动作为安全管理的一项长期工作，让每一位员工切实了解实际工作中的危险点，清楚和掌握安全生产规章制度，在工作中严格对照、严格执行；各级领导和安全监察部门必须通过问查，全面掌握生产、基建、农电、供用电等各专业领域安全措施的落实情况，对存在的问题一抓到底，决不手软。

（2）全面开展"反违章、除隐患"为重点的安全生产大整治。要求各单位对照本事故，结合本单位实际，开展安全隐患排查和整顿工作。

1）查领导。检查各级领导对于管辖范围内的安全生产是不是做到了"五同时"（计划、布置、检查、总结、考核生产工作的同时，计划、布置、检查、总结、考核安全工作），对于管辖设备和人员的安全风险是不是心中有数，对于发现的隐患有没有采取相应的措施。

2）查违章。从严查纠管理性违章和行为性违章，教育员工树立抓违章就是保护自己、关爱同志的理念。深入检查"两票三制"、倒闸操作的执行情况，严肃处理有规不依、有章不循、有禁不止的现象，做到违章必究、违章必查、违章必处。

3）查隐患。深入开展隐患排查和消除工作，尤其要检查 10kV 及以下设备的防误、防爆、防触电功能是否完善，对于存在隐患的设备抓紧进行完善化改造，在没改造之前张贴醒目的安全注意事项。

（3）坚持各单位主要负责人亲自管安全监督机构、亲自批阅安全生产文件和主持安全生产分析会、亲自参加安全生产检查。要求各级领导多深入基层，多深入一线，加强安全检查、调研和指导，确实掌握安全生产的实际状况和风险点，采取有效措施，踏踏实实地抓好安全生产工作。对安全生产工作存在的问题必须第一时间加以研究解决，对安全生产出现的隐患苗头必须第一时间加以查纠。

（4）规范 10kV 设备管理，加快旧开关柜完善化改造。针对 10kV 开关柜存在的问题，从运行、维护、检修、技改等方面完善管理制度，规范工作行为，加快实施技术改造工作，消除装置性隐患。在此之前，要分门别类有针对性地采取组织措施或技术措施加以防范。

（5）扎实开展专项安全监督。继续抓好配网、高危行业安全供电、继电保护、外包工程、基建、农电安全等 6 个专项安全监督工作查出问题的整改，确保工作取得成效。

（6）深入开展员工安全意识教育和安全技术培训。迅速将事故通报传达到每一位员工，确保每一位员工都清楚事故的经过和原因，举一反三地查找自身安全生产工作存在的薄弱环节，制定防范措施。宣传贯彻"安全是生命、是健康、是幸福"的安全价值理念，培养职工形成"严肃认真、雷厉风行、令行禁止"的安全生产工作作风。重点开展《国家电网公司电力安全工作规程（变电部分）》、"两票三制"和现场运行规程的学习和考试，提高员工安全意识和业务技能。

（7）提高现场工作人员的自我保护意识，提高其执行《国家电网公司电力安全工作规程（变电部分）》的自觉性，真正做到不伤害自己、不伤害别人、不被别人伤害。

（8）现场工作人员要互相关心、互相帮助，对于发现的违章行为要及时提醒和制止，防止事故发生。

> 无票作业，停错线路，作业前不验电，不装设接地线，造成触电死亡事故。

停错线路导致带电　违章作业事故出现

✚ 学规程

《国家电网公司电力安全工作规程（线路部分）》

9.1.1 条规定：配电设备［包括高压配电室、箱式变电站、配电变压器台架、低压配电室（箱）、环网柜、电缆分支箱］停电检修时，应使用第一种工作票。

9.1.2 条规定：在高压配电室、箱式变电站、配电变压器台架上进行工作，不论线路是否停电，应先拉开低压侧隔离开关（刀闸），后拉开高压侧隔离开关（刀闸）或跌落式熔断器，在停电的高、低压引线上验电、接地。

9.1.5 条规定：进行配电设备停电作业前，应断开可能送电到待检修设备、配电变压器各侧的所有线路（包括用户线路）断路器（开关）、隔离开关（刀闸）和熔断器，并验电、接地后，才能进行工作。

　　××年×月××日，某县供电公司在拆除配电台区避雷器工作中，操作时停错线路，作业未使用工作票，作业前未采取验电、装设接地线等安全措施，发生一起人身触电死亡事故。

一、事故经过

　　××年×月××日，某县供电公司进行××台区避雷器拆除作业。根据当天工作内容，应拉开××变电站121号××主干线的××支线014号杆××分支线跌落式熔断器（见图1-3），工作班成员刘××却拉开××变压器121号××主干线064号杆上的线路跌落式熔断器。工作班人员认为××台区已停电，在未办理工作票，未进行停电、验电、装设接地线，未带任何安全工器具和登高工具的情况下，由监护人托着姬××爬上配电变压器台，当姬××刚接近避雷器时触电坠落，经抢救无效死亡。

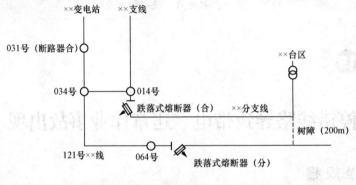

图 1-3　接线示意图

二、事故原因

（1）作业前在工作地点未采取验电、装设接地线等安全技术措施。工作班成员违反《国家电网公司电力安全工作规程（线路部分）》9.1.2 条的规定，在未拉开××台区低压侧隔离开关、高压侧跌落式熔断器，未验电、未装设接地线的情况下，违章、冒险攀登变压器台作业。

（2）无操作票进行操作，工作班成员工作不负责任，停错线路。××台区原来接于××主干线，由 064 号杆的跌落式熔断器控制，因有树障，临时改接到××支线，但是相关资料没有及时调整。由于没有使用操作票，未明确应拉开的熔断器编号，在无人监护的情况下，刘××到现场操作停电时按原来的接线方式拉开了 064号杆上的线路跌落式熔断器，致使××台区仍然带电。

（3）作业未使用工作票，安全措施不明确。工作负责人违反《国家电网公司电力安全工作规程（线路部分）》9.1.1 条的规定，违章组织作业，未明确现场安全措施。

（4）现场监护不力。工作监护人未认真履行安全职责，在现场未采取安全措施的情况下，还托着姬××爬上配电变压器台，冒险进行作业。

三、事故暴露出的问题

（1）安全生产管理薄弱，工作随意性大，缺乏防范作业风险的能力。不执行《国家电网公司电力安全工作规程（线路部分）》的相关规定；没有采取规程规定的保证安全的组织措施和技术措施；不按倒闸操作的有关规定进行操作；现场作业不带登高作业工具和验电器等安全工器具。

（2）安全意识淡薄。作业人员执行《国家电网公司电力安全工作规程（线路部分）》的自觉性差，自我保护意识淡薄，对作业中存在的危险点辨识与控制能力不强，没有养成良好的作业习惯。

（3）工作监护人不负责任，违章指挥，保证安全的组织措施和技术措施在现场没有得到落实。

四、防范措施

（1）按照"三不放过"的原则，认真组织事故调查，深刻分析事故原因，严肃处理和教育责任人。

（2）加强安全生产管理，严格执行"两票"和工作许可制度。作业前必须按规定履行许可手续，工作负责人在得到工作许可人许可工作的命令后，方可组织进行工作。工作前组织现场勘察，召开班前会，明确工作任务和人员分工，进行危险点告知和技术交底，制定切实可行的防范措施，并在工作中注意防范。

（3）现场停电操作必须由监护人和操作人两人进行，一人操作，一人监护。操作前应核对现场设备名称、编号，核对无误后，在监护人的监护下，按照操作票逐项进行操作。

（4）严格执行保证安全的技术措施，作业前必须停电、验电、装设接地线，按规程规定悬挂标示牌和设置围栏。

（5）严格执行施工作业的各项规定，根据作业需要和作业的安全要求使用安全工器具和个人安全防护用具。

（6）强化全员安全教育和培训，提高工作人员的安全意识和安全防范能力，增强现场工作人员的自我保护意识，严格执行《国家电网公司电力安全工作规程（线路部分）》，提高执行《国家电网公司电力安全工作规程（线路部分）》的自觉性，养成良好的安全作业习惯。

（7）进一步修订、完善安全管理的规章制度，完善和落实各级安全生产责任制，加大对"两票三制"的检查考核力度，加大对违章行为的查处力度。

从事故障巡线工作时，擅自进行设备测试，造成触电伤亡事故。

案例 20

故障巡线搞测试　触电死亡泪悲戚

+ 学规程

《国家电网公司电力安全工作规程（线路部分）》

4.1.3 条规定：事故巡线应始终认为线路带电。即使明知该线路已停电，亦应认为线路随时有恢复送电的可能。

2.3.5 条规定：事故应急抢修可不用工作票，但应使用事故应急抢修单。事故应急抢修工作是指电气设备发生故障被迫紧急停止运行，需短时间内恢复的抢修和排除故障的工作。

　　××年×月××日，某供电公司在事故巡线过程中，巡线人员擅自从事设备测试工作，发生一起触电死亡事故。

一、事故经过

　　××年×月××日，某供电公司 10kV××152 线因雷击造成单相接地，××供电所安全员方××安排两组人员进行巡线。一组负责主线路巡视，另一组由王×带领 4 名工作人员到××152 线××支线巡查。负责主线路巡视的小组完成××支线前段××152 线主线路的巡查后，没有发现故障点，然后拉开××支线的高压跌落式熔断器并取下三相熔断管，××152 主线路恢复送电，并通知了在××支线带队巡线的王×。王×等在巡线至××支线××电站（并网小水电）时，根据线路故障情况判断，认为故障点可能在××支线××电站变压器上。王×通知××电站停机后，即打算对该变压器进行绝缘测试。上午 9 时 30 分左右，王×进入该落地变压器的院子内，其他工作人员跟随其后 10m 左右处。王×在未采取任何安全措施的情况下（验电器、绝缘拉杆和接地线放在汽车上），就去拆变压器的高压端子。其他人员听到王×喊了一声："有电!"，立即赶到院内时，发现王×已触电倒在地上，经抢救无效死亡。

事后经检查，××支线三相高压跌落式熔断器中有一相在 5 月份已损坏，当时用导线临时短接，事后也没有及时消缺。事故当天在拉开跌落式熔断器时，没有发现临时短接线，导致××支线带电。

二、事故原因

（1）违章冒险作业。王×在故障巡线中，发现疑似故障点后，擅自变更工作内容，未经工作许可，违章冒险作业，违反《国家电网公司电力安全工作规程（线路部分）》2.3.5 条和 4.1.3 条的规定，在没有办理事故应急抢修单，未履行保证安全的组织措施和技术措施的情况下，擅自接触配电变压器的高压端子。

（2）5 月份在处理跌落式熔断器损坏的故障时，用导线临时短接熔断器，事后没有及时更换已经损坏的熔断器，使线路带缺陷运行 3 个多月，埋下了事故隐患。

（3）工作人员停电操作后检查不到位。工作人员在拉开××支线高压跌落式熔断器、取下三相熔管时没有对熔断器实际开断情况进行检查，没有发现熔断器有一相被短接。

三、事故暴露出的问题

（1）现场工作人员安全意识淡薄。这是一起典型的违章冒险作业造成的人身触电死亡事故，王×作为这次故障巡线的负责人，在发现疑似故障点后，没有向有关上级汇报，未经工作许可，擅自变更工作内容，在没有验电、没有挂接地线的情况下，独自一人登上落地变压器台拆卸变压器高压接线端子。

（2）事故、故障处理工作程序执行不严格。线路故障巡视过程中，随意扩大工作范围，更改工作任务。

（3）设备缺陷处理不及时。上一次故障处理时违规短接跌落式熔断器，长达 3 个月时间没有对短接的熔断器进行消缺，设备缺陷未实现闭环管理。

（4）现场作业人员风险辨识及自我保护能力差，对从事配电线路工作的人员技能和安全教育培训不到位，违反《国家电网公司电力安全工作规程（线路部分）》中事故状态下巡视线路的规定,《国家电网公司电力安全工作规程(线路部分)》执行不力。

四、防范措施

(1)将事故通报系统各单位,组织安全生产大讨论,查找事故原因,吸取事故教训,制定整改方案,防止事故发生。

(2)故障巡线前,巡线负责人应向巡线人员交代安全注意事项,巡线过程中应始终认为线路带电。即使明知该线路已停电,亦应认为线路随时有恢复送电的可能。巡线人员着装应符合规定,所携带的安全工器具和照明工具应满足工作需要。

(3)严格执行《国家电网公司电力安全工作规程(线路部分)》有关故障巡线的规定,巡视过程中发现问题及时上报,履行工作许可手续,办理工作票或事故应急抢修单,方可组织人员进行故障处理。

(4)抢修作业前应进行现场勘察,制定抢修的安全措施和步骤,明确人员安排,落实保证安全的技术措施。作业中要加强现场安全监督检查,对作业人员进行认真监护,及时纠正其违章行为。

(5)不论故障轻重、抢修难易、工作量大小,在没有得到许可工作的命令,工作地段没有采取安全措施以前,巡线人员不得擅自将工作任务由巡线转为检修。

(6)电气设备操作人员进行操作后,要认真检查所操作设备的实际开、合情况。对于临时违规短接熔断器的缺陷,要及时进行处理消缺,不允许线路或设备长时间带缺陷运行。

(7)提高现场作业人员风险辨识及自我保护能力,严格执行《国家电网公司电力安全工作规程(线路部分)》。

在无人监护的情况下违章作业，擅自翻越安全围栏，并攀登已设有安全标识的爬梯，造成带电隔离开关对人体放电后坠落死亡事故。

擅自翻越围栏　触电坠落死亡

学 规 程

《国家电网公司电力安全工作规程（变电部分）》

4.5.5 条规定：在室外高压设备上工作，应在工作地点四周装设围栏。若室外配电装置的大部分设备停电，只有个别地点保留带电设备而其他设备无触及带电导体的可能时，可以在带电设备四周装设全封闭围栏，围栏上悬挂适当数量的"止步，高压危险！"标示牌，标示牌应朝向围栏外面。

禁止越过围栏。

3.2.10.2 条规定：工作负责人（监护人）督促、监护工作班成员遵守本规程，正确使用劳动防护用品和执行现场安全措施。

×年×月××日，某供电公司发生一起作业人员私自进入设备区，在无人监护的情况下擅自翻越安全围栏并攀登已设有安全标示的爬梯，造成带电隔离开关对人体放电后坠落死亡事故。

一、事故前运行方式

事故前 110kV××变电站运行方式为：110kVⅠ、Ⅱ段母线冷备用；1 号、2 号主变压器冷备用；110kV××变电站××路 16 断路器带××变电站 10kVⅠ母运行，××联线 14 断路器带××变电站 10kVⅡ母运行，10kVⅠ、Ⅱ段母线分列运行；35kVⅠ、Ⅱ段母线冷备用。其中35kV××联线为×××变电站至××变电站的联络线，×××变电站侧56断路器运行，因此××变电站××联线562隔离开关线路侧带电。

二、事故经过

××年×月××日，某供电公司变电运行工区安排综合服务班进行110kV××变电站微机"五防"系统检查及110、35kV线路带电显示装置检查工作。当日工区副主任王××签发了变电站第二种工作票一张，工作内容为"保护室微机五防装置检查，室外110、35kV设备区防误锁检查，线路带电显示装置检查"，计划工作时间为××年×月××日8时30分～当日21时0分。

×月×日9时50分，综合服务班班长、该项工作负责人曹×与工作班成员赵××（死者，男，汉族，38岁，综合服务班技术员兼防误专责）来到××变电站。10时10分工作许可人张××办理了由曹×负责的200908004号第二种工作票，并在现场向曹×、赵××交待了安全措施、注意事项及补充安全措施（工作票中补充安全措施为：①35kV××联线线路带电，562隔离开关为带电设备，已在562隔离开关处设置围栏，并挂"止步，高压危险！"标示牌2块；②工作中加强监护，工作只限在110、35kV设备区防误锁及线路带电显示装置处，严禁误登带电设备），工作许可人与工作负责人双方确认签名，工作许可手续履行完毕。工作班成员赵××未在工作票上确认签名，随即两人开始工作。13时15分两人对××联线线路高压带电显示装置控制器检查完毕，判断控制器内MCU微处理机元件存在缺陷且无法消除，曹×决定结束工作，并与赵××一同离开设备区。两人到达主控楼门厅，曹×上楼去办理工作票终结手续，赵××留在楼下。随后赵××独自返回工作现场，跨越安全围栏，攀登挂有"禁止攀登，高压危险！"标示牌的爬梯，登上35kV××联线562隔离开关构架。13时30分，赵××因与带电的562隔离开关C相线路侧触头安全距离不够，发生触电后从构架上坠落至地面。站内人员发现后立即联系车辆将赵××送往医院救治。19时30分，赵××经抢救无效死亡。

三、事故原因分析

（1）工作班成员赵××（死者）私自进入设备区，翻越安全围栏，在无人监护、未验电和未使用安全带的情况下擅自攀登设有"禁止攀登，高压危险！"标示牌的爬梯，造成 562 隔离开关对人体放电后高空坠落，属于严重违章，是造成本次事故的直接原因。

（2）工作负责人曹×向赵××进行安全交底时未履行确认签字手续，在办理工作终结手续过程中对工作班成员失去监控，没有履行全过程的工作监护职责，是造成本次事故的主要原因。

（3）工作票签发人王××签发工作票不认真，签发没有明确具体工作地点和工作任务的工作票，对工作票审核把关不严，为工作人员擅自扩大工作范围埋下隐患，是造成本次事故的次要原因。

（4）各级管理人员、变电站运行人员对××联线线路带电这一重要危险点没有引起足够重视，没有采取可靠措施加以防范，疏于监督管理，是造成本次事故的另一次要原因。

四、事故暴露的问题

（1）作业人员安全意识淡薄，自我保护意识不强。一项简单的工作，多处严重违反《国家电网公司电力安全工作规程（变电部分）》规定，暴露出作业人员执行规章制度不严格，习惯性违章严重。

（2）安全管理不规范，工作随意性大。工作票填写、签发不细致、不规范，未履行现场安全交底确认手续，围栏设置存在漏洞，工作人员私自进入设备区等现象，暴露出安全管理工作存在诸多不足，各级管理人员对安全工作要求不高、管理不严。

（3）危险点分析流于形式，风险控制措施不完备。虽然各级人员都清楚××联线线路带电是一个危险点，但对其严重程度估计不足，没有采取有效的预防措施，没有实施严格的监督与监护。

（4）安全培训注重形式，针对性不强。工作负责人对带电显示装置的原理、结构不熟悉，对运行注意事项了解不够，无法真正起到监护作用。

（5）各级领导和管理人员工作作风浮漂，安全责任制落实不到位。对当日××变电站投运工作没有引起足够的重视，并做出适当的工作安排，致使小型作业现场安全管理失控。暴露出各级人员安全管理松懈，缺乏安全工作必需的警觉性和敏感度。

（6）反违章工作开展不力，效果不明显。没有认真落实国家电网公司和省电力公司关于反违章工作的部署和要求，反违章的决心不大，力度不够，现场作业人员有章不循、有禁不止、我行我素的现象屡禁不止。

（7）吸取事故教训不深刻，防范措施不到位。对公司系统发生的多起人身事故虽然在形式上进行了学习，但是没有起到应有的警示和防范作用。

五、防范措施

（1）立即召开安全生产紧急电视电话会议，将此次人身死亡事故在公司系统范围内进行通报，各单位要认真吸取教训，举一反三严防人身伤亡事故及其他重大电网、设备事故的发生。

（2）在事故现场召开安全生产现场会，对事故进行反思，深挖事故背后存在的深层次问题，查找安全生产管理工作中存在的漏洞和薄弱环节，对干部员工进行安全生产再教育。

（3）对工作票签发人、工作负责人、工作许可人进行全员培训考核，考核不及格的取消相应工作资格。

（4）研究制定作业人员进行一次设备工作前必须确认安全措施正确完备的管理办法，以及工作结束至办理工作票终结手续期间的作业人员现场安全管理办法，下发各基层单位执行。

（5）组织干部、员工对《国家电网公司电力安全工作规程（线路部分）》进行再学习，学习近年来国家电网公司系统人身事故案例，针对本次事故暴露出的问题制定切实可行的防范措施和整改计划，稳定公司安全生产局面。

（6）对照《国家电网公司安全生产典型违章100条》，组织员工开展"反违章，除隐患，强管理，夯基础"活动，针对事故暴露的问题，全面开展生产、基建、农电、交通等方面的安全大检查，重点检查涉及人身安全的隐患和风险。

（7）继续深入开展反违章活动，严格执行省公司《安全生产反违章工作管理规定》，加大现场违章行为的查处力度，在短期内使习惯性违章屡禁不止的现象得到根本改变。

（8）在检修作业开始前，工作负责人必须根据工作任务组织工作人员进行危险点分析并制定出具体的防范措施，现场注意事项交代完毕后，工作负责人将工作人员带到危险点处进行再次确认后，方可进行工作，要形成制度，严格执行。

（9）110kV 及 35kV 联络线路在断路器停电后，无论此间隔是否有人工作，都必须在带电部位用硬质围栏进行隔离，并在此设备构架爬梯上加装阻挡人员攀登的警示装置，在联络线路的线路侧做醒目的警示标语，以警示工作人员不能攀登。

（10）在××变电站事故现场（35kV××联线 562 隔离开关间隔处）设立永久性事故警示牌，写明发生在此处的事故，用血的事实警示、告诫每一位员工。

> 违章工作，非工作班成员擅自登塔，没有与带电部位保持足够的安全距离，在登塔过程中触电坠落死亡。

违章登塔非儿戏　触电坠落命归西

学规程

《国家电网公司电力安全工作规程（线路部分）》

2.5.2 条规定：工作票签发人或工作负责人对有触电危险、施工复杂容易发生事故的工作，应增设专责监护人和确定被监护的人员。

专责监护人不准兼做其他工作。

2.3.11.5 条规定：工作班成员安全责任第二款，严格遵守安全规章制度、技术规程和劳动纪律，对自己在工作中的行为负责，互相关心工作安全，并监督本规程的执行和现场安全措施的实施。

10.2.1 条规定：进行地电位带电作业时，人身与带电体间的安全距离不准小于表 10-1 的规定（66kV 为 0.7m）。

　　××年×月××日 12 时 12 分，某供电公司送电工区带电班在带电的 66kV××线安装防绕击避雷针作业中，工作票签发人王×违章登塔，在登塔过程中触电坠落死亡。

一、事故经过

该项作业工作票号（带电作业票）为带电班 012-0048，工作内容为 66kV××线 53～59 号塔，72～77 号塔架空地线上安装防绕击避雷针。工作地点为 66kV××线

56 号塔。计划工作时间为××年×月××日 8 时 30 分～当日 18 时 00 分。

6 月 25 日 10 时 30 分，班组人员到达作业现场。工作负责人杨××宣读工作票、布置工作任务及安全措施后 11 时 10 分工作班成员开始作业。

工作分工：工作负责人杨××负责监护，郑××、陈××负责塔上安装防绕击避雷针，其他 5 人负责地面配合工作，王×（死者）为送电工区检修专工、工作票签发人。

11 时 15 分，郑、陈二人在 56 号塔上安装防绕击避雷针过程中，安装机出现异常，工作负责人杨××指定王×为临时监护人，随后登塔查看安装机异常原因。在对安装机进行调试过程中，突然听到放电声，王×由 56 号塔高处坠落地面，经抢救无效死亡。

二、事故原因

（1）王×作为非工作班成员和临时监护人擅自登塔，没有与带电部位保持足够的安全距离，是本次事故的直接原因。

（2）杨××作为工作负责人（监护人）没有履行工作负责人职责，登塔作业，临时监护人又擅自登塔，使现场作业人员失去监护，是本次事故的主要原因。

（3）工作班成员没有做到互相关心，没有制止非工作班成员违章登塔，是本次事故的另一原因。

三、事故暴露出的问题

（1）工作负责人（监护人）未严格执行《国家电网公司电力安全工作规程（线路部分）》2.5.2 条的规定，没有全过程履行监护职责，工作前未能全面做到危险点清楚、作业程序清楚、安全措施清楚，在安装机出现异常时登塔检查调试，职责履行不严肃、不认真。

（2）管理人员安全意识淡薄，管理性违章严重。王×作为送电工区检修专工，是本次作业的工作票签发人，又是工作负责人指定的临时监护人，不是工作班成员，擅自登塔参加作业违反《国家电网公司电力安全工作规程（线路部分）》2.5.2 条专责监护人不准兼做其他工作的规定。

（3）现场作业人员相互保护的安全意识差，对现场发生的违章行为未加提醒和制止，导致事故发生。

（4）安全生产管理混乱，对经过管理部门审批的安全组织、技术措施，没有按要求召开班前会进行认真讨论。

（5）生产技术部门在安排工作的同时，没有做好安全措施的落实，没有对危险性较大的作业现场进行跟踪管理。

（6）安装机（新设备）在现场不能顺利安装使用，暴露出培训工作流于形式，缺乏预见性、针对性和实效性。

四、防范措施

（1）各单位要深刻吸取事故教训，举一反三，加强现场安全监督管理，防止同类事故重复发生。

（2）各级领导干部和管理人员要认真履行岗位职责，严格执行《国家电网公司电力安全工作规程（线路部分）》，严禁未列入工作班成员的管理人员参加现场作业。

（3）深入开展反违章活动，强化安全监督检查，对照《国家电网公司安全生产典型违章 100 条》，严肃查纠违章指挥、违反作业程序、擅自扩大工作范围等典型违章现象，确保人身安全。

（4）认真开展作业现场安全风险辨识，制定落实风险预控措施，重点防止发生触电、高空坠落等人身伤亡事故。

（5）加强安全教育，深入开展安全知识培训和业务技术培训，增强安全意识。重点是开展《国家电网公司电力安全工作规程（线路部分）》的学习和考试，自觉遵守《国家电网公司电力安全工作规程（线路部分）》，做到"三不伤害"。深入开展一线员工的业务技术培训，使他们熟练掌握本工种的各项操作技能。对新设备的使用和调试、维护，要进行专门培训，使有关人员都能做到懂原理、会操作、能维修。

（6）提高现场工作人员的相互保护意识，对现场发生的违章行为要敢于提醒和制止，对违章指挥和强令冒险作业的行为要敢于说不，这也是《国家电网公司电力安全工作规程（线路部分）》赋予每个工作人员的权利。

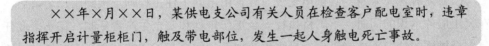

违章指挥，违章操作，与带电部位未保持安全距离，造成人身触电死亡事故

带电检查计量柜　触电死亡徒伤悲

学规程

《国家电网公司电力安全工作规程（变电部分）》

2.3.6.4 条规定：不准擅自更改操作票，不准随意解除闭锁装置。解锁工具（钥匙）应封存保管，所有操作人员和检修人员禁止擅自使用解锁工具（钥匙）。

2.1.4 条规定：无论高压设备是否带电，应符合表 2-1 的安全距离（10kV 及以下为 0.70m）。

××年×月××日，某供电支公司有关人员在检查客户配电室时，违章指挥开启计量柜柜门，触及带电部位，发生一起人身触电死亡事故。

一、事故经过

××年×月××日 16 时左右，受某矿业机械责任公司邀请，某供电支公司主任工程师任××和供电分公司客户服务中心专工李×一起来到该公司，与该公司筹备处主任刘×、负责生产设备的张×、电工刘×一起进入新建的 10kV 开关站进行检查。

任××等 5 人由南门进入开关站，首先到南墙上查看整改要求的高压供电系统图，随后又继续往西走查看消防器材等，李×在此进行详细对照检查，其他 4 人相继往东走。在走到计量柜前时，任××说柜内计量组合互感器不符合要求，需更换，随即让该公司人员打开柜门，该公司电工刘×便从 10kV 开关站南墙上拿来柜门解锁钥匙将进线计量柜电磁锁解锁打开。任××站在计量柜东侧，公司人员站在西南

85

侧，随后而来的客户服务中心专工李×站在中间偏西一侧。任××在查看柜内设备时，没有与带电部位保持安全距离，右手误碰互感器 C 相接线处触电，并通过右脚对柜底角钢放电（约 16 时 20 分），接着便朝西南方向倒下，且自然脱离电源。

任××触电后，张×、李×立即拨打 120 急救电话并将任××抬到车上进行抢救并前往医院，途中与前来急救的 120 救护车相遇，马上将任××转移到救护车上由医生负责实施抢救。16 时 50 分，任××被送至县人民医院，经抢救无效于 17 时 10 分死亡。

二、事故原因

（1）任××作为多年的用电工作人员，又是管理者，到用户 10kV 开关站现场后，违章指挥、违章作业，要求用户人员打开已带电的计量柜查看设备，且未与带电设备保持安全距离而发生触电，是造成此次事故的主要原因之一。

（2）用户工作人员明知计量柜带电，在没有采取任何措施的情况下，不提醒，不告知，违章解锁，是造成触电事故的主要原因之二。

三、事故暴露出的问题

（1）死者任××身为县供电支公司分管用电的主任工程师，接到用户邀请后，在突出服务意识的同时，不严格执行安全工作规程和安全生产责任制，在不采取任何安全措施的情况下违章工作，暴露出管理人员安全意识淡薄、安全素质低、自我防范能力差、习惯性违章、安全教育培训不力等严重问题。

（2）在开关站列入月度计划停电接火前，未进行严格的计划停电检修审核，对存在的设备问题及有关用电管理事宜未进行核查也未提出任何异议，就按计划进行接火，使进线计量柜带电，暴露出在用电业扩工程的设备审查、验收、接火、启动等环节，未严格执行省公司业扩工程管理标准的有关要求、责任不落实、管理不到位、各级人员把关不严等问题。

（3）对用户及用电工程安全检查力度不够，存在薄弱环节。对新增用户的设备、安全设施和标志、工作人员持证上岗、安全管理制度等监督检查落实不及时、不到位。

（4）用户未按照验收时的要求和有关规定，在带电柜上悬挂安全标识，用户室内配电柜防误闭锁（电磁锁）钥匙管理混乱，不做任何措施违章解锁，解锁随意性大，反映出用户电气工作人员安全素质和业务技术素质不高、安全防范意识不强、管理薄弱等问题。

（5）事故一是发生管理人员身上，二是发生在用电业扩报装工作，三是发生在用户侧，充分说明在安全管理中，重职工、轻领导，重一线、轻管理，重主网、轻农网，重主业、轻多经，重生产、轻营销，没有把客户安全与系统安全放在同等重要的位置来抓，特别是对客户设备存在的安全隐患，不能积极督促整改，对客户电气人员素质低下、安全意识淡薄、无证上岗等问题视而不见，为事故的发生埋下了隐患。

四、防范措施

（1）深刻吸取此次人身触电死亡事故的惨痛教训，切实提高全体干部职工对安全工作重要性的认识，进一步增强干部职工的安全意识和安全工作能力，严格落实各级安全责任制，夯实安全管理的基础。

（2）按照"谁管理、谁负责，谁组织、谁负责，谁施工、谁负责"的原则，加强各级管理人员安全思想教育，严格履职到位标准，加大反违章稽查、处罚力度，从健全制度、规程学习、现场行为上着手，认真查找营销管理及用电监察工作中存在的薄弱环节，制定电网安全运行的生产、营销管理工作流程，并严格执行安全工作规定和工作流程，完善新设备投入、设备移动批准制度，确保人身、电网和设备安全。

（3）严格用户业扩工程现场勘察、验收和工作组织制度的执行，制定完善的安全措施和方案，在承担检修、运行、技术改造等工作中严格执行《国家电网公司电力安全工作规程（变电部分）》、"两票"等有关规定，不能因为是给用户工作而降低安全标准。以"三个百分之百"（确保安全，必须做到人员的百分之百，全员保安全；时间的百分之百，每一时、每一刻保安全；力量的百分之百，集中精神、力量保安全）的要求规范全部工作，加强现场的安全监督力度，严防人身事故发生。

（4）加强营销人员特别是用电检查人员的安全教育培训，结合不同专业、不同岗位，有针对性地开展安全教育培训，让他们真正懂得遵章守纪的重要性，树立正确的安全意识观念，做到"三不伤害"。在用电安全检查服务时，必须严格遵守《用电检查管理办法》《国家电网公司电力安全工作规程（变电部分）》及客户有关现场安全工作规定，不得操作客户的电气装置和电气设备。

（5）电力部门应协助政府有关部门，加大用户进网电工作业人员的安全培训力度，严格持证上岗制度。加强对用户自备发电机的管理工作，防止返送电造成人身事故。加大对用户侧电力设备设施安全隐患的排查治理力度，对存在的隐患要及时下发整改通知书，并督促用户进行整改。

（6）各单位要认真组织开展全员触电急救培训，组织学习《国家电网公司安全生产职责规范》，对照检查，查领导干部及管理人员安全生产职责是否到位，查一线人员是否完全执行规程，并进行"自问自查""互问互查""督问督查"。

（7）各单位要以反习惯性违章为突破点，全面、全员、全方位、全过程认真查找管理制度、行为规范、作业环境、设备设施所存在的问题，对查出的问题必须制定整改措施，并落实到位。必须把防止人身事故作为工作的重中之重，加强现场安全管理，确保各项措施落实到位。各级领导和管理人员要经常开展不打招呼检查和暗访活动，对发现的严重违章要及时纠正、及时通报、及时处罚，严重执行违章者下岗的规定，保证各项措施在现场得到不折不扣的落实。

（8）各单位特别是营销、多经、基建单位，对规章制度、工作流程等进行全面梳理和修订完善，完善营销与生产，用户业扩、技改、基建、扩建与电网安全的衔接工作。同时各级管理人员要自觉遵守规章规程，严格按照流程工作，克服管理上的随意性，严禁违章指挥、违章作业。提高责任意识，建立问责机制，确保各级安全生产责任制落实到位。

（9）检查带电设备，要注意根据电压高低与带电部位保持相应的安全距离，或者采取有效的隔离措施，尤其是高压设备，更要引起充分注意，防止人身触电事故发生。

（10）提高管理人员的自我防范能力，对管理人员的违章行为要敢于提醒和制止。

案例 24

开关柜大修违规章　发生触电一命亡

学规程

《国家电网公司电力安全工作规程（变电部分）》

4.6.4 条规定：高压开关柜内手车拉出后，隔离带电部位的挡板封闭后禁止开启，并设置"止步，高压危险"的标示牌。

2.2.10.1 条规定：工作票签发人应检查工作票上所填安全措施是否正确完备。

2.2.10.2 条规定：工作负责人应检查工作票上所列安全措施是否正确完备，是否符合现场实际条件，必要时予以补充；工作前对工作班成员进行危险点告知交代安全措施和技术措施；督促、监护工作班成员遵守《国家电网公司电力安全工作规程（变电部分）》，正确使用劳动保护用品和执行现场安全措施。

一、事故经过

××年×月×日，××检修公司变电检修中心六组组织设备生产厂家对 220kV ××变电站 35kV 开关柜做大修前的尺寸测量等准备工作，任务为"2 号主变压器 35kV 三段开关柜尺寸测量、35kV 备 24 柜设备与母线间隔试验、2 号站用变回路清扫"。工作班成员共 8 人，其中××检修公司 3 人，卢××担任工作负责人；设备生产厂家 5 人，陈×是设备厂家项目负责人。9 时 25～40 分，××检修公司运行人员按照工作任务要求完成以下安全措施：合上 35kV 三段母线接地手车、35kV 备 24 线路接地隔离开关，在 2 号站用变压器 35kV 及 380V 侧挂接地线，在 35kV 二/三分段开关柜及 35kV 三段母线上所有出线柜上加锁，挂"禁止合闸、有人工作"标示牌，邻近有电部分装设围栏并挂"止步，高压危险"标示牌，工作地点挂"在此工作"标示牌，对工作负责人卢××进行工作许可，并强调 2 号主变压器 35kV 三段开关柜内变压器侧带电。10 时左右，工作负责人卢××持工作票召开全体工作班成员会，进行安全交底和工作分工后，工作班开始工作。在进行 2 号主变压器 35kV 三段开关柜内部尺寸测量工作时，设备厂家项目负责人陈×向卢××提出需要打开开关柜内隔离挡板进行测量，卢××未予以阻止，随后陈×将核相车（专用工具车）推入开关柜内打开了隔离挡板，安排设备生产厂家技术服务人员林×（死者）测量 2 号主变压器 35kV 三段开关柜内尺寸。10 时 18 分，林×在测量开关柜内尺寸时发生触电事故，触及 2 号主变压器 35kV 三段开关柜内变压器侧静触头，引发三相短路，2 号主变压器低压侧、高压侧复合电压过电流保护动作，2 号主变压器 35kV 四段断路器分闸，并远跳 220kV ××4244 线××站断路器，林×当场死亡，在柜外的卢××、刘×（设备生产厂家技术服务人员）受电弧灼伤。2 号主变压器 35kV 三段开关柜内设备损毁，相邻开关柜受电弧损伤。由于 35kV 一/四分段断路器自投成功，负荷无损失。

二、事故原因

（1）设备生产厂家技术服务人员林×在不知晓 2 号主变压器 35kV 三段开关柜内变压器侧静触头带电的情况下进行内部尺寸测量工作导致触电，是本起事故的直接原因。

（2）工作负责人卢××未履行工作负责人的安全责任，对当天设备的工作状态（2 号主变压器 35kV 三段开关柜内变压器侧静触头带电）不清楚，未对现场安全措施进行核对，在厂家人员进行柜内尺寸测量时未进行阻止，是本起事故的主要原因之一。

（3）工作票签发人徐×未履行工作签发人的安全责任，在工作任务和内容不了解的情况下，提出不符合工作内容要求的停投范围和安全措施。在签发的工作票上，工作内容不翔实，安全措施不完备，涉及工作地点保留带电部分和注意事项方面的安全措施未填写，违反《国家电网公司电力安全规程（变电部分）》第 4.5.4 条的规定，是本起事故的主要原因之二。

（4）××中心站工作许可人郁××未履行工作许可人的安全责任，未认真核查工作票所列安全措施与现场的实际状态是否一致，违反《国家电网公司电力安全规程（变电部分）》第 4.5.4 条的规定，是本起事故的主要原因之三。

（5）××中心站操作人朱××和监护人李××，违反《国家电网公司电力安全规程（变电部分）》第 4.5.4 条的规定，盲目听从监督人员对 2 号主变压器 35kV 三段开关柜内帘门不上锁的要求，未按规定落实现场安全措施，是本起事故的主要原因之四。

（6）××中心站安全员陈×作为当值操作的监督员，未履行到岗到位的管理职责，违反《国家电网公司电力安全规程（变电部分）》第 4.5.4 条的规定，是本起事故的间接原因之一。

（7）变电检修技术专责王××在 2 号主变压器 35kV 三段开关柜内部测量工作中与厂家技术服务人员沟通不充分，了解不全面、不细致，盲目布置工作任务，导致实际停电范围不能满足本次工作内容和要求，是本起事故的间接原因之二。

（8）变电检修六组组长高×作为班组安全生产第一责任人，在工作内容和安全措施不清楚的情况下，盲目安排工作负责人、工作人员进入现场工作，致使现场的安全责任和安全措施不落实，是本起事故的间接原因之三。

三、防范措施

（1）深刻吸取本次事故教训，加强各级安全责任制落实，按照"谁主管，谁负责""谁组织，谁负责""谁实施，谁负责"的原则，把安全责任落实到每项工作的决策者、组织者、实施者。

（2）加强生产计划编制过程中人身、电网和设备的风险辨识、风险管控和班组承载力的分析工作，加强管理人员在生产计划编制和审核环节的"到岗到位"。

（3）加强生产准备工作，认真了解具体工作内容、范围和方法，在生产任务执行的全过程中，做到布置工作任务必须布置对应的安全措施。

（4）加强对工作票签发人的业务、技能培训，针对特殊点无法在图中表示的，应用文字进行详细表述。对工作范围大、工作任务多的检修任务，增设现场工作监护人。

（5）工作班组应严格按照工作票所列工作任务、工作地点及安全措施范围内作业，严格执行"两交一查"工作，采取切实可行的措施，提高员工的安全意识和业务技能。

（6）严格录音管理制度，认真落实工作许可、操作、安全交底等全过程录音要求，工作负责人应结合现场设备实际情况逐一核对交底，保证工作班成员每个人均知晓。

（7）加强"五防"[防止误分、合断路器，防止带负荷分、合隔离开关，防止带电挂（合）接地线（接地开关），防止带地线送电，防止误入带电间隔]装置管理，严格"零解锁"制度，同时将停、送电操作中有关安全措施布置的操作任务和步骤写进操作票中。

（8）积极开展施工现场风险辨识和预控工作，针对不同施工现场采取有针对性的防范措施，同时开展"三种人"专题培训、考核，提高员工对施工现场安全风险的识别和防范能力。

（9）加强现场作业安全管控，严格执行"两票三制"，严肃安全纪律，强化反违章工作，加大现场安全查岗工作的力度和频度。

（10）完善事故应急处置方案，加强应急人员相关培训和演练，提高应急响应速度，提高事故处理的后勤保障能力。

（11）高度重视开关柜修试工作，在工作许可和安全交底时，必须按开关仓、母线仓、线路仓、避雷器仓、引线仓等逐仓进行安全交底和安全措施检查。在告知设备有电部位的同时，必须明确告知与其一一对应的禁止开启的柜门（特别是后柜门）、帘门等，并检查确认遮栏、标示牌等措施装设到位。

（12）立即开展对非标设备以及特殊设备的排查，对以往开关柜事故应吸取的教训及反措情况进行复查，发现问题及时整改。

（13）严格规范对设备生产厂家人员的安全教育培训工作，明确培训的具体内容和安全防护要求，确保有电部位的危险点告知，把现场安全措施的交底落到实处；对于不符合现场作业安全防护要求的厂家工作人员，禁止进入作业现场。

（14）加强对外包施工人员的安全管理，审核其安全资质，了解其安全技能，并进行有针对性的安全教育和安全告知，严格要求其正确使用劳动防护用品和执行现场安全措施。

（15）开展全面安全风险管理体系建设，牢固树立"大安全"理念，做好风险点辨识工作，透彻分析每项工作流程和步骤中的风险，切实加强事前、事中的严格管控，严抓现场标准化作业的执行和落实，加强特殊部位、特殊现场的安全风险管控。

××年×月×日，××供电公司在进行35kV××变电站10kV××线456断路器消缺工作中，发生人身触电事故，造成1名工作人员死亡。

案例㉕

断路器消缺违规程　触电死亡一命终

学规程

《国家电网公司电力安全工作规程（变电部分）》

2.3.5.3 条规定：高压电气设备都应安装完善的防误操作闭锁装置。防误操作闭锁装置不得随意退出运行，停用防误操作闭锁装置应经本单位分管生产的行政副职或总工程师批准。短时间退出防误操作闭锁装置的，应经变电站站长或发电厂当班值长批准，并应按程序尽快投入。

2.2.10.2 条规定：工作负责人工作前对工作班成员进行危险点告知，交代安全措施和技术措施；督促、监护工作班成员遵守《国家电网公司电力安全工作规程（变电部分）》，正确使用劳动保护用品和执行现场安全措施。

3.2.10.5 条规定：工作班成员应严格遵守安全规章制度、技术规程和劳动纪律，对自己在工作中的行为负责。

一、事故经过

××年×月×日，35kV××变电站10kV系统发生单相接地，调度员在试拉线路寻找接地时，10kV××线456断路器遥控跳闸后合不上，调度主站收到10kV××线456断路器控制回路断线信号，调度随即通知变电运维部和变电检修部现场检查修复。为避免停电，将10kV××线负荷倒至35kV××站10kV××线供电。9时40分，变电运维部运行人员到达35kV××变电站10kV××线456断路器现场，检查发现有异味，怀疑跳闸线圈烧坏；将检查情况汇报调度后，调度随即下令将 10kV ××线 456 断路器转检修。10 时 12 分操作结束，变电检修部安排工作负责人焦××及工作班成员叶××、刘×于 14 时到达现场办理开工手续。工作负责人焦××向工作班成员叶××、刘×交代完安全措施，强调禁止开启开关柜后柜门等安全注意事项后开始工作。更换跳闸线圈后经过反复调试，断路器仍然机构卡涩，合不上。20 时 10 分，焦××、叶××两人在开关柜前研究解决方案时，刘×擅自从开关柜前柜门上取下后柜门解锁钥匙，移开围栏，打开后柜门欲向断路器机构连杆处加注机油，当场触电倒地，经抢救无效死亡。

二、事故原因

（1）工作班成员刘×严重违反《国家电网公司电力安全规程（变电部分）》，无视安全措施警示，擅自移开围栏，开启后柜门作业，造成触电，是事故的直接原因。

（2）10kV ××线原为单电源辐射式供电线路，其开关柜系 1997 年生产 XGN2-10 型，本身所带机械联锁装置能满足"五防"闭锁要求，但在 10kV ××线与××线改造为拉手互供线路后，在断路器停电而线路带电的情况下，无法闭锁开关柜后柜门，是事故的间接原因。暴露出设备隐患排查治理不到位、开关柜存在缺陷、"五防"闭锁不完善等问题。

（3）工作负责人焦××监护责任不落实，焦××在与叶××研究进一步解决机构卡涩方案时，注意力分散，造成刘×失去监护，是事故的间接原因。

三、防范措施

（1）事故单位立即进行停产整顿，开展全员安全教育学习，全面排查安全管理中存在的薄弱环节，认真组织事故调查分析，从本次事故中吸取教训，采取切实有效的整改措施。

（2）全面开展开关柜隐患排查治理，严格落实防误技术措施要求。对照《12kV 开关柜典型事故案例及安全防范措施》，深入排查各类型开关柜安全隐患、危险源及设备缺陷，逐一落实反事故要求。针对 XGN 系列开关柜柜内设备检修，必须将断路器及线路同时转检修，杜绝误碰线路设备。新投运的设备防误功能不完善的，严禁投运。运行设备存在缺陷、隐患的，要制定专项整改计划和方案，保证资金投入。

（3）省公司各单位立即将事故通报转发到基层一线和所有作业现场，对照事故暴露出的问题，举一反三，开展有针对性的隐患排查，提高全员安全意识，严格执行《国家电网公司电力安全规程（变电部分）》，坚决防范同类事故再次发生。

第二部分
倒杆致人死亡事故

新立电杆，回填土没有夯实，杆上作业人员工作时电杆倾斜继而倾倒，造成两名作业人员死亡。

案例 ①

回填土不实登电杆　电杆倾倒两人身亡

 学规程

《国家电网公司电力安全工作规程（线路部分）》

6.2.1 条规定：攀登杆塔作业前，应先检查根部、基础和拉线是否牢固。新立杆塔在杆基未完全牢固或做好临时拉线前，禁止攀登。

6.3.14 条规定：已经立起的杆塔，回填夯实后方可撤去拉绳及叉杆。回填土块直径应不大于 30mm，回填应按规定分层夯实。基础未完全夯实牢固和拉线杆塔在拉线未制作完成前，禁止攀登。

×× 年 × 月，某县供电局在 35kV 线路施工中，发生一起因新立电杆回填土没有夯实，电杆倾倒，造成两人死亡事故。

一、事故经过

某县供电局 ×× 35kV 线路于 1998 年动工，由于 110kV 变电站附近群众阻挠而停工。后在当地政府和公安机关的协调配合下，于 2001 年 3 月复工。因 ×× 35kV 线路走径影响 ×× 线 2 号门型杆，到上午 10 时左右才把 ×× 线 2 号门型杆中的一根杆立起。期间当地老百姓不听劝阻，与施工人员发生冲突，有的甚至拽着拉线、抱着电杆，严重干扰了施工人员的正常工作，影响了其思想情绪，分散了其注意力。施工队在这种情况下于下午 3 时把 2 号门型杆的另一根杆立起。当时是先单杆立起后组装，打了 8 根拉线（4 根固定拉线、4 根临时拉线）。稍作休息后，另一组作业人员吴×、冯×带好安全工器具，于 16 时 30 分上杆组装斜拉吊杆，离地面距离 12.30m。在组装过程中，2 号门型杆有晃动现象（后知杆坑中有水、回填土不实），监护人没有注意到。18 时 10 分，2 号门型杆向东南倾斜后随即倒地，南杆离根部 1.6m 处断裂，两位作业人员来不及脱杆被摔下，经医院全力抢救无效死亡。

二、事故原因

（1）在杆坑中有水的情况下，没有采取措施将杆坑中的水淘干就盲目立杆，造成回填土不实，是此次倒杆事故的主要原因。

（2）违反《国家电网公司电力安全工作规程（线路部分）》6.3.14 条"回填应按规定分层夯实"和 6.2.1 条"新立杆塔在杆基未完全牢固或做好临时拉线前，禁止攀登"的规定，在回填土不实的情况下，就安排工作人员上杆作业。

（3）防止倒杆的安全措施执行不到位，没有安装 2 号门型杆内角固定拉线，临时拉线地锚采用钢钎不可靠。

三、事故暴露出的问题

（1）现场安全管理混乱。杆坑中有水就盲目立杆，回填土未夯实就安排工作人员登杆作业。暴露出现场安全监督、检查不到位，管理人员疏于管理，没有真正落实安全管理重点在基层、关键在现场的工作要求。

（2）作业过程监护不到位，在发现 2 号门型杆有晃动现象以后，没有意识到倒杆的可能，没有及时通知杆上作业人员停止作业下杆。

（3）现场工作人员安全意识淡薄，风险意识不强，自我保护能力差。

四、防范措施

（1）将事故通报系统各单位，查找事故根源，吸取事故教训，举一反三，杜绝此类事故再次发生。

（2）加强现场安全管理。施工前开好班前会，制定切实可行的防范措施、安全措施及反事故措施。施工中要严格执行各项措施，并认真做好监护工作。发现异常情况，要及时告知作业人员注意、采取措施避让，防止事故发生。进一步加强班组日常安全管理工作，健全和完善保证安全的管理制度，堵塞安全管理漏洞，夯实安全工作基础。

（3）杆坑中有水，要淘干后再立杆。电杆立起后的回填土，一定要按照规定每填 0.3m 夯实一次，此项工作应有专人负责，保证质量。

（4）攀登杆塔作业前，应先检查根部、基础和拉线是否牢固。新立杆塔在杆基未完全牢固或做好临时拉线前，禁止攀登。只有在电杆根部、基础和拉线的牢固程度得到确认，新立电杆的回填土层层夯实牢固，防止倒杆的措施得到很好落实以后，方能登杆作业。

（5）强化对职工的安全知识培训和考核，提高其安全意识和风险意识，提高其自保和互保能力，努力做到"三不伤害"。

> 移杆时，提前挖开电杆基础，登杆作业时，电杆倾倒，造成人身死亡事故。

移杆提前挖开电杆基础　电杆倾倒造成死亡事故

＋　学规程

《国家电网公司电力安全工作规程（线路部分）》

2.3.2.1 条规定：在停电的线路上的工作，应填用第一种工作票。

6.4.5 条规定：拆除杆上导线前，应先检查杆根，做好防止倒杆措施，在挖坑前应先绑好拉绳。

> ××年×月×日，某市供电公司在 0.4kV 线路电杆移位施工中，因电杆回填土被提前挖开，致使电杆埋深不够，造成电杆倾覆，发生人身死亡事故。

一、事故简要经过

××年×月×日上午，某市供电公司彭××安排杨××（高压班班长兼供电所安全员，此次作业的工作负责人）组织工作班成员杨×、黄××等 6 人，迁移××台区 0.4kV 分支线路电杆。工作负责人杨××在未办理工作票的情况下，组织杨×、黄××等 3 人进行 2 号杆导线、横担的拆除工作，此时电杆回填土已被挖开，挖开深度约为电杆埋深的 1/2。工作负责人杨××未组织采取防范措施，就安排杨×上杆作业。杨×在拆除杆上导线后，继续拆除电杆拉线抱箍时，电杆发生倾倒。杨×随电杆摔落，电杆砸在其胸部，经抢救无效死亡。

二、事故原因

（1）迁移电杆时，由于电杆回填土已被挖开了约 1/2，导致电杆的抗倾覆强度下降。电杆在导线和拉线的作用下，保持竖立状态。当杨×拆除杆上导线和拉线后，电杆失去了水平方向的平衡力，导致电杆倾覆。

（2）现场施工人员到达作业现场后，没有针对电杆回填土已挖开的情况采取加固措施，违反《国家电网公司电力安全工作规程（线路部分）》6.4.5 条的规定。

（3）工作负责人违反《国家电网公司电力安全工作规程（线路部分）》2.3.2.1 条的规定，在没有办理工作票的情况下，违章指挥作业。

三、事故暴露出的问题

（1）现场作业的组织管理混乱。进行杆塔移位施工作业，没有制定施工方案和安全措施，没有针对电杆回填土被挖开这一极可能造成电杆倾覆的危险点采取预控措施。

（2）没有执行保证安全的组织措施之一的工作票制度，电杆移位作业没有办理工作票，没有进行危险点分析，违章指挥，暴露出工作负责人安全观念淡薄。

（3）现场作业人员自我保护意识、风险认知和防范能力不强。登杆作业前，对电杆回填土被挖开，造成电杆抗倾覆稳定安全系数下降而带来的倒杆风险没有引起重视，思想麻痹，心存侥幸。

四、防范措施

（1）认真查找事故根源，吸取事故教训，举一反三，杜绝此类事故再次发生。

（2）强化安全管理。电杆移位施工，应按规程规定执行工作票制度，办理停电作业第一种工作票，制定安全措施，进行危险点分析和预控。

（3）从事此类作业，应组织进行现场勘察，制定施工方案，并明确专人统一指挥。现场勘察中发现电杆回填土被提前挖开，应先培土夯实加固，消除事故隐患。

（4）作业前开好班前会，明确人员分工，交代施工方法、指挥信号和安全、技术措施。提醒作业人员对危险点的关注，预防事故发生。

（5）登杆作业前，应检查杆基是否牢固，确无问题后方可登杆。电杆回填土被挖开，在未采取加固措施前，严禁登杆作业。遇有冲刷、取土、上拔或拉线松动的电杆，应采取培土加固、打临时拉线或支架杆等措施后，再行登杆。

（6）加强安全教育和培训，提高员工的安全意识、自我保护意识，提高其风险认知和防范能力。特别是要对员工进行"违章指挥等于杀人，违章作业等于自杀"的安全教育，牢固树立"不伤害自己，不伤害他人，不被他人伤害"的"三不伤害"原则，做到该干的会干、该干的认真负责地干、该干的按规程要求干。

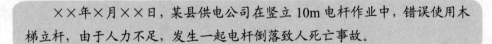

不使用抱杆竖立 10m 电杆，违章作业，立杆过程中电杆倒落，造成作业人员死亡。

违章竖立电杆　倒落致人死亡

✦ 学 规 程

《国家电网公司电力安全工作规程（线路部分）》

6.3.5 条规定：顶杆及叉杆只能用于竖立 8m 以下的拔梢杆，不准用铁锹、桩柱等代用。立杆前，应开好"马道"。作业人员要均匀地分配在电杆的两侧。

6.3.3 条规定：立、撤杆过程中基坑内禁止有人工作。除指挥人及指定人员外，其他人员应在处于杆塔高度的 1.2 倍距离以外。

××年×月××日，某县供电公司在竖立 10m 电杆作业中，错误使用木梯立杆，由于人力不足，发生一起电杆倒落致人死亡事故。

一、事故经过

××年×月××日，某县供电公司××客户服务中心所辖××供电营业所所长朱××安排员工吴××（死者）、宗××到 10kV××线 144 号与 10kV××线 243 号环网处组立 10m 水泥杆。吴××为现场工作负责人，因该所无抱杆等相应的立杆工具，吴××组织 10 名民工采用两架木梯作叉杆立杆。吴××指挥，宗××固定杆根，4 名民工用两架木梯支撑杆梢，其余 6 名民工用肩膀扛电杆。当电杆起立与地面成 40°角时，承力于电杆中部的民工已较为吃力，吴××见状，到电杆左边用右肩协助扛立电杆。由于用力不均，电杆失去控制，向左偏移并倒落，吴××躲闪不及，被电杆击中头部后，摔倒在电杆下侧石壁上，造成头部多处出血，经抢救无效死亡。

二、事故原因

现场工作负责人吴××没有组织进行现场勘察，不清楚施工现场的作业条件、作业环境。在现场组织竖立电杆时，吴××违反《国家电网公司电力安全工作规程（线路部分）》6.3.5 条"顶杆及叉杆只能用于竖立 8m 以下的拔梢杆"的规定，在本所没有抱杆等相应立杆工具、技工和民工不足的情况下，违章指挥，采用两架木梯作支撑，用人力立杆，也没有安排人员控制拉绳，导致电杆在立杆过程中失去控制，发生倒落。

三、事故暴露出的问题

（1）施工现场安全管理不善。作业前准备工作不充分，没有进行危险点分析和预控，安全监督检查不到位，习惯性违章没有得到及时发现和纠正。

（2）作业人员安全意识淡薄，冒险蛮干。不按规定组织施工，竖立 10m 电杆未按规定使用抱杆等工器具。营业所负责人明知本所竖立 10m 杆有难度，但还是组织施工，且自己不到现场把关。

四、防范措施

（1）认真查找事故根源，吸取事故教训，制定防范措施，坚决杜绝此类事故再次发生。

（2）加强施工现场安全管理，施工前应组织现场勘察，根据勘察情况编制施工方案，进行危险点分析和预控，制定保证安全的组织、技术、安全措施。

（3）立杆前要向作业人员交代清楚施工方法、指挥信号和安全组织措施及技术措施、注意事项。立杆时要有专人指挥，工作人员要分工明确、密切配合、服从指挥，专业人员注意力要集中。

（4）竖立 8m 以下电杆，可以使用顶杆及叉杆，采用人工组立。但要有充足的人力，"立杆前，应开好'马道'。作业人员要均匀地分配在电杆的两侧"。竖立 8m 及以上电杆，应使用起重设备或抱杆立杆，不准使用顶杆及叉杆。

（5）在立杆过程中基坑内严禁有人工作。除指挥人员及指定人员外，其他人员应在电杆高度的 1.2 倍距离以外。

（6）强化工作人员的安全意识，加强作业现场安全监督，提高作业人员自保和互保意识及风险认知与防范能力。

在电杆移位施工中，无票作业，违章施工，发生倒杆，导致杆上作业人员一人死亡。

案例④

无票作业　临时增加工作任务
违章施工　导致作业人员死亡

学规程

《国家电网公司电力安全工作规程（线路部分）》

6.2.1 条规定：遇有冲刷、起土、上拔或导地线、拉线松动的杆塔，应先培土加固，打好临时拉线或支好架杆后，再行登杆。

6.3.10 条规定：临时拉线不准固定在有可能移动或其他不可靠的物体上。

××年×月××日，某供电局在电杆移位施工中，用人力代替锚桩而发生倒杆，导致杆上作业人员一人死亡。

一、事故经过

××年×月××日，某供电局组织更换 10kV ×× 线 1～34 号杆针式绝缘子。工作过程中，工作负责人邹××因有事要离开工作现场，便通知线路值班室当班人员陈××，将工作负责人更换为郭××。后来邹××想起 26 日发现的 33 号杆 T 接的 ××1 号杆因洪水冲刷河床变宽，杆基已浸泡水中的缺陷，便电话告知郭××将该杆向岸边迁移 5m。

下午郭××带领 11 名施工人员来到工作现场，交代完工作任务后，又指派现场工作人员童××作为该项工作的现场负责人，随后郭××离开施工现场去验收绝缘子更换工作。

开工前，童××觉得电杆基础可能不牢固，认为沙地无法打拉线锚桩，便决定采用人力拉住麻棕绳作为临时拉绳拉住电杆，以防倒杆。童××安排刘××上杆拆除上层导线，涂××拆除下层导线由刘××在杆顶绑好临时拉绳，地面 9 人分成 2 人、3 人、4 人三组分别拉住临时拉绳。当涂××拆完下层导线下到电杆下部，刘××拆除最后一相（C 相）导线绑线时，导线向上脱离电杆，电杆水平方向受力失去平衡，临时拉绳的工作人员无法稳住电杆，电杆倾倒，杆上 2 人随杆倒下。刘××被电杆着地后反弹碰撞，经抢救无效死亡。

二、事故原因

（1）违章指挥。现场负责人施工组织、安排不当，组织迁移杆基浸泡在水中的电杆时，采用人力稳固的方法不正确。由于人员站位难以固定、力量难以保持，违反《国家电网公司电力安全工作规程（线路部分）》6.2.1 条和 6.3.10 条的规定，当电杆发生倾斜时，人力无法稳定，造成电杆倾覆。

（2）临时增加工作任务，无票作业。在安排电杆迁移施工时，现场作业负责人没有组织对新增加的工作任务进行危险点分析，制定施工方案和安全措施，也没有在作业现场进行组织、指挥。

（3）现场作业人员对迁移浸泡在水中电杆的风险认识不足，在没有对电杆采取可靠固定措施的情况下，违章登杆作业。

三、事故暴露出的问题

（1）作业现场安全管理混乱，存在随意变更工作负责人，临时增加工作任务不办理工作票，工作负责人违章指挥，现场作业人员违章作业等一系列违章现象。

（2）现场工作人员风险辨识和控制能力不强。在处理因洪水冲刷河床变宽，杆基已浸泡水中的缺陷时，虽然意识到电杆埋设深度减小存在的风险，但对风险的严重性估计不足，采取的防止倒杆措施不正确。

（3）工作安排随意性大。变更后的工作负责人郭××自身工作安排不当，没有在现场指挥风险和难度较大的电杆迁移工作。

（4）现场工作人员安全意识不强，自我保护意识差。

四、防范措施

（1）强化现场安全管理。施工中如果需要增加工作任务，工作负责人应向工作票签发人汇报，得到许可后，重新办理工作票，进行危险点分析及安全技术交底，制定切合实际的安全措施并监督执行。

（2）增强现场工作人员的风险辨识和控制能力。对于基础受损或不牢固的杆塔作业，应按规程规定制定可靠的防止倒杆的安全措施。增加临时拉线等安全措施必须符合现场实际情况，考虑受力平衡和便于执行。在采用临时拉线固定时，应在导线绑线拆除以前进行，不得固定在有可能移动的物体上，或者其他不可靠的物体上，不得采用人力稳固的方法。工作负责人必须在现场指挥。

（3）登杆作业前应做好充分的准备，在防止倒杆的安全措施完全落实到位并确认无误后，方可安排作业人员登杆作业。

（4）加强安全教育和培训，提高施工人员的安全意识和自我保护能力，努力做到"三不伤害"，保证施工人员的人身安全。

> 作业人员登杆前未检查电杆、拉线牢固程度，盲目登杆作业，作业中拉线断开，造成电杆倾倒，导致杆上作业人员死亡。

拉线锈断　造成电杆倾倒
盲目登杆　作业人员身亡

✚ 学规程

《国家电网公司电力安全工作规程（线路部分）》

6.2.1 条规定：攀登杆塔作业前，应先检查根部、基础和拉线是否牢固。

6.4.5 条规定：紧线、撤线前，应检查拉线、桩锚及杆塔。必要时应加固桩锚或加设临时拉线。拆除杆上导线前，应先检查杆根，做好防止倒杆措施，在挖坑前应先绑好拉绳。

> ××年×月××日，某供电局在 35kV 旧线路拆除作业中，因拉线棒严重锈蚀断开，发生倒杆，造成杆上作业人员死亡事故。

一、事故经过

××年×月××日，某供电局拆除 35kV 架空线路导线，该线路共 13 基混凝土杆，导线为 LGJ-70。在 11 号门型杆（ZS4-3 型直线等径混凝土杆，电杆全高 21m，共 4 根拉棒、8 根拉线）上作业的陈×拆完导线后，接着拆除架空地线。当陈×将拆下的架空地线放在横担上时，该杆西南侧和西北侧的拉线棒突然断开，电杆向东面倾倒，陈×随杆落地（安全带、后备保护绳系在杆上），经抢救无效死亡。

经事后检查，拉线棒地下部分锈蚀严重，西南侧拉线的拉线棒在地下约 1m 处、西北侧拉线的拉线棒在地下约 1.2m 处断开。

二、事故原因

（1）11 号门型杆西南侧和西北侧拉线所处的位置原为水田，后来在水田上覆盖了泥土改为旱田，拉线棒地下 0.6m 以下土质为含水量较高、腐蚀性较强的淤泥，拉线棒在埋入地下 1m 左右处锈蚀严重，抗拉强度降低。当杆上的导线、架空地线拆除后，门型杆失去了水平方向的平衡力，拉线的受力情况发生了变化，超出了接近断开的拉线棒的抗拉强度，导致拉线棒断开，引起倒杆。

（2）现场勘察时忽视了运行环境以及腐蚀可能给拉线棒造成的影响，没有对拉线棒地下部分进行开挖检查，没有按照《国家电网公司电力安全工作规程（线路部分）》6.2.1 条和 6.4.5 条的规定对拉线牢固情况进行检查。

三、事故暴露出的问题

（1）设备运行管理不善。没有按照《架空送电线路运行规程》的要求，每 5 年对杆塔地下金属部分（金属基础、拉线装置、接地装置）的锈蚀情况进行开挖检查，没有掌握拉线棒的锈蚀情况。

（2）现场安全管理存在漏洞。拆除导线前未检查杆基、拉线装置的牢固情况，没有采取防止倒杆的措施，作业人员盲目登杆作业。

（3）施工人员安全意识不强，对作业中的危险点分析不到位。作业前未能对作业中关键环节可能出现的危险因素进行认真的分析，没有制定相应的安全防范措施，自我保护意识缺乏。

四、防范措施

（1）认真查找事故根源，深刻吸取事故教训，制定严密的防范措施，坚决杜绝此类事故再次发生。

（2）加强设备运行管理，严格按照《架空送电线路运行规程》规定的年限，对杆塔地下金属部分（金属基础、拉线装置、接地装置）的锈蚀情况进行开挖检查，掌握拉线棒的锈蚀情况，为今后的工作提供依据。

（3）堵塞现场安全生产管理漏洞。撤线作业要认真进行现场勘察，进行危险点分析预控，制定切实可行的施工方案和安全措施，施工时做到统一指挥、明确分工，落实责任，做好监护，保证安全。

（4）防止发生倒杆事故是撤线作业的防范重点。进行旧线路拆除工作，在登杆作业前必须检查杆塔基础、拉线是否牢固，必要时应进行开挖检查，对严重锈蚀的拉线（拉线棒）应采取更换和埋设临时地锚等加固措施，防止倒杆事故发生。在加固措施完全落实到位，确认无问题后，现场作业人员方能登杆作业。

（5）加强安全教育和培训，提高施工人员的安全意识和自我保护能力，努力做到"三不伤害"，保证施工人员的人身安全。

作业人员登杆前未检查电杆牢固程度，盲目登杆作业，作业中电杆在地面处断裂倾倒，导致杆上作业人员死亡。

案例 6

作业前不检查杆根　盲目登杆
电杆在地面处断裂　致人死亡

✦ 学 规 程

《国家电网公司电力安全工作规程（线路部分）》

6.2.1 条规定：攀登杆塔作业前，应先检查根部、基础和拉线是否牢固。新立杆塔在杆基未完全牢固或做好临时拉线前，禁止攀登。

6.4.5 条规定：紧线、撤线前，应检查拉线、桩锚及杆塔。必要时应加固桩锚或加设临时拉线。拆除杆上导线前，应先检查杆根，做好防止倒杆措施，在挖坑前应先绑好拉绳。

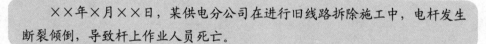

××年×月××日，某供电分公司在进行旧线路拆除施工中，电杆发生断裂倾倒，导致杆上作业人员死亡。

一、事故经过

××年×月××日，某供电分公司在进行 10kV××Ⅱ线南干分支负荷转移和旧线路拆除作业中，登杆作业人员马××在拆除 8 号杆导线的绑线后，下杆至距离地面约 2.3m 时，电杆突然从与地面平齐部位断裂倾倒，马××随电杆倒落地面，电杆横压在马××的腹部。马××因伤势严重，经抢救无效死亡。

二、事故原因

（1）在组织进行旧线路拆除工作时，忽视了对电杆本体的检查，未能及时发现电杆存在的严重缺陷。该线路运行已超过 30 年，处于高地下水位、重盐碱地区，电杆内部钢筋锈蚀严重，当杆上作业人员解开电杆上导线的绑线后，电杆失去了水平方向的平衡力，发生断裂倒杆。

（2）现场勘察和登杆作业人员在登杆前，违反《国家电网公司电力安全工作规程（线路部分）》6.2.1 条和 6.4.5 条的规定，未检查杆根及电杆的牢固程度就盲目登杆。

三、事故暴露出的问题

（1）安全生产管理工作混乱，现场勘察不仔细。对作业现场环境及旧电杆是否存在严重影响施工安全的隐患查看不细，施工方案考虑不周，没有采取有针对性的防范措施。

（2）运行管理不到位。线路运行管理单位没有掌握电杆存在的重大缺陷。

（3）作业人员安全意识淡薄，自我保护能力缺乏。

四、防范措施

（1）加强安全生产管理。从事旧线路拆除工作，工作负责人应和线路运行管理单位人员一同进行现场勘察，重点检查杆塔基础、拉线的牢固程度。根据勘察情况，有针对性地制定施工方案和保证安全的组织措施、技术措施、安全措施。

（2）对处于高地下水位、重盐碱地区的旧线路拆除工作，特别是运行年限长的线路，应仔细检查电杆是否完好，拉线是否牢固，电杆是否有横裂纹，混凝土电杆、拉线及拉线棒是否锈蚀等，必要时应进行开挖检查。

（3）作业前要开好班前会，明确人员分工，宣布施工方案和技术要求，进行危险点分析和预控，向工作班成员交代安全措施及注意事项，特别是旧线路拆除作业的防范重点要交代清楚，引起现场作业人员的重视。

（4）撤线作业，在解开电杆上导线的绑线后，电杆、拉线的受力将会发生变化，防止发生倒杆事故是撤线作业的防范重点。现场作业人员在登杆前要对电杆、拉线是否牢固再次进行检查、确认。施工方案中明确的加固措施必须落实到位，在做好防止倒杆的措施（如打临时拉线）后，方可登杆作业。

（5）监护人要对作业人员进行认真监护，密切注意电杆变化，发现问题及时通知作业人员规避。

（6）强化现场作业人员的安全意识，提高其自我保护能力，自觉使用好劳动防护用品，保护自身安全。

电杆埋深不够，施工质量不良，上杆作业电杆发生倾覆，造成人身死亡事故。

案例⑦

电杆埋深不够　电杆发生倾覆
施工质量不良　造成人员亡故

学规程

《国家电网公司电力安全工作规程（线路部分）》

6.3.14 条规定：已经立起的杆塔，回填夯实后方可撤去拉绳及叉杆。回填土块直径应不大于30mm，回填应按规定分层夯实。基础未完全夯实牢固和拉线杆塔在拉线未制作完成前，禁止攀登。

6.2.1 条规定：攀登杆塔作业前，应先检查根部、基础和拉线是否牢固。新立杆塔在杆基未完全牢固或做好临时拉线前，禁止攀登。

××年×月×日，某县电力局供电所在从事新竖立电杆的金具组装作业中，因电杆埋深不够，而且夯实不牢固，发生倒杆，造成人员死亡事故。

一、事故经过

××年×月×日，某县电力局供电所安排张×等5人进行0.4kV线路7～10号杆拆旧换新的改造施工，由张×担任工作负责人。工作负责人张×安排班组成员张××负责组装新竖立的10号杆的横担，李××负责监护，工作安排完毕后张×离开现场。作业人员张××在未检查电杆根部、基础是否牢靠的情况下登杆组装横担。在组装工作即将结束时，李××看到电杆发生倾斜，要张××赶快下来，但张××还没有来得及下杆，便随杆倒下。在倒落过程中，张××由于安全帽带未系牢，安全

115

帽脱落，头部直接碰到横担上，经抢救无效死亡。

二、事故原因

（1）杆位选择不当，施工质量不良。现场作业人员的安全、质量意识极其淡薄，当杆位处在较松散的废钢渣堆时未调整杆位，竖立电杆施工时又没有严格按照技术标准进行施工，电杆埋设深度不够（拔稍杆埋深一般应为电杆长度的 1/6），回填土也未夯实。施工作业人员违反《国家电网公司电力安全工作规程（线路部分）》6.3.14 条的规定，造成竖立的电杆严重不符合技术规范的要求。当作业人员登到杆顶安装金具时，受作业人员身体的重量、金具的重量及作业时人体施力的共同影响，电杆所受弯矩大于电杆抗倾覆力，以致发生倒杆事故。

（2）登杆前未检查杆基。登杆作业人员违反《国家电网公司电力安全工作规程（线路部分）》6.2.1 条的规定，未检查杆基是否牢固，就登杆作业。

（3）没有按要求戴好安全帽。作业人员安全帽下颏带未系牢，导致倒落过程中安全帽脱落，作业人员头部直接受伤。

三、事故暴露出的问题

（1）施工现场安全管理混乱，工作负责人违章指挥。立杆前工作负责人未对杆坑深度进行认真检查，在杆坑深度不满足规程要求的情况下仍组织立杆，后在电杆埋深不足的情况下仍然安排作业人员登杆组装金具，暴露出工作负责人安全意识十分淡薄。

（2）质量意识不强，施工质量监督不严。当终端杆等重要杆位处在较松散的废钢渣堆时，未采取调整杆位或采取其他保证电杆埋深的措施以及防止电杆倾覆的技术措施，导致作业人员在杆上工作时，发生倒杆事故。

（3）监护人责任心不强，未能及时发现并制止作业人员安全帽下颏带未系牢这一习惯性违章行为。

（4）现场工作人员缺乏自我保护意识和风险认知与防范能力。现场作业人员参与了电杆的竖立施工，在登杆作业时没有意识到电杆埋设深度不够、登杆作业可能发生倒杆这一潜在危险。

四、防范措施

（1）查找事故根源，吸取事故教训，制定防范措施，坚决杜绝此类事故再次发生。

（2）加强现场安全管理。组织施工现场勘察，根据现场情况制定施工方案，分析可能发生事故的危险点，有针对性地制定保证安全的组织、技术措施。开工前召开班前会，明确工作任务和人员分工，明确有关施工工艺标准、技术要求、安全措施和安全注意事项。工作负责人对工作班成员进行危险点告知，交代安全措施和技术措施，并确认每一个工作班成员都知晓。

（3）提高工作人员的质量意识，加强作业现场的质量监督检查，及时发现并处理施工质量隐患，保证施工质量。在立杆施工中出现满足不了电杆埋深要求的地质条件应及时调整施工方案，并履行新的技术措施和安全措施，保证电杆埋设深度。

（4）攀登杆塔作业前，应先检查根部、基础和拉线是否牢固，特别是对运行时间长的杆塔更要引起注意，尤其是长期在盐碱、特别潮湿场所环境条件下的杆塔，更要加强检查。新立杆塔要在基础完全夯实牢固后再登杆塔作业。

（5）工作监护人应对现场作业人员进行认真监护，及时纠正违章和不安全行为，保证作业人员的人身安全。

（6）强化安全生产教育和培训，提高工作人员的安全意识和自我保护能力，工作中要做到互相关爱，实现"三不伤害"。

第三部分
变电站误操作事故

带接地开关送电　短路飞弧母差断

学规程

《国家电网公司电力安全工作规程（变电部分）》

2.3.4.3 条第二款规定：拉合设备［断路器（开关）、隔离开关（刀闸）、接地开关（装置）等］后检查设备的位置。

2.3.4.3 条第五款规定：设备检修后合闸送电前，检查送电范围内接地开关（装置）已拉开，接地线已拆除。

××年×月×日，某电力局××变电站在倒闸操作过程中未仔细核对设备状态，发生一起110kV带接地开关合母线隔离开关的恶性误操作事故。

一、事故经过

××年×月×日、××日，为配合110kV××变电站二期扩建工程接入工作，××1173 线××变电站侧正母隔离开关需要与正母线搭接，220kV××变电站110kV 正、副母线及旁路母线需全停。考虑到220kV××变电站设备陈旧，已数次发现隔离开关支持绝缘子断裂，且受周边环境污染影响，设备积污严重，为了保障迎峰度夏期间设备运行安全，决定利用停电机会，一并对110kV隔离开关进行大修、消缺和绝缘子涂 RTV 工作。整个工作计划为：大修隔离开关 13 组，小修隔离开关7 组，15 组隔离开关涂 RTV。

×月××日 20 时 55 分，××变运行人员执行"110kV 旁路断路器由冷备用改正母对旁母充电"操作任务，当操作到"合上 110kV 旁路正母隔离开关"时，产生短路飞弧，110kV 母差、1 号主变压器重瓦斯保护动作，跳开××1173 线、××1176 线、110kV 母联、2 号主变压器 110kV 断路器，110kV 正副母线失电压。事故损失有功功率 6000kW，损失电量 1.1 万 kWh。当日 22 时 24 分，2 号主变压器由副母热备用改为正母运行，××1173 线恢复运行、35kV 系统恢复运行。

二、事故主要原因

（1）运行人员在设备验收时未发现 110kV 旁路断路器母线侧接地开关在合上位置，是造成带接地开关合闸事故的主要原因。

（2）运行人员安全意识淡薄，工作责任心不强，违反《国家电网公司电力安全工作规程（变电部分）》2.3.4.3 条的规定和变电倒闸操作"六要七禁八步一流程"［倒闸操作基本条件（简称"六要"）：①要有考试合格并经批准公布的操作人员名单；②要有明显的设备现场标志和相别色标；③要有正确的一次系统模拟图；④要有经批准的现场运行规程和典型操作票；⑤要有确切的操作指令和合格的倒闸操作票；⑥要有合格的操作工具和安全工器具。倒闸操作禁止事项（简称"七禁"）：①严禁无资质人员操作；②严禁无操作指令操作；③严禁无操作票操作；④严禁不按操作票操作；⑤严禁失去监护操作；⑥严禁随意中断操作；⑦严禁随意解锁操作。倒闸操作基本步骤（简称"八步"）：①接受调度预令，填写操作票；②审核操作票正确；③明确操作目的，做好危险分析和预控；④接受调度正令，模拟预演；⑤核对设备名称和状态；⑥逐项唱票复诵操作并勾票；⑦向调度汇报操作结束及时间；⑧改正图版，签销操作票，复查评价］的规定，在倒闸操作过程中未仔细核对设备状态，是造成带接地开关合闸事故的重要原因。

（3）检修人员在完成 110kV 旁路隔离开关间隔工作后，未及时将 110kV 旁路断路器母线侧接地开关恢复到许可时状态，是造成带接地开关合闸事故的另一重要原因。

三、事故暴露出的问题

（1）在安排××变电站 110kV 基建、检修工作时，未按照省电力公司《2007 年安全生产工作意见》第一条第四款之要求，即"构建安全生产协调机制目的在于做到两个避免：避免在一段时间内把过多的工作集中安排在一起完成，造成管理上的困难；避免可能导致发生重大电网事故的运行方式出现"的规定安排基建、检修工作。

（2）在安排电网运行方式时，仅考虑××变电站110kV母线停电困难，要尽量配合基建任务安排检修工作，而未进行有效的电网检修方式下的风险评估，未制定切实可行的安全施工方案，给事故的发生留下了安全隐患。

（3）对大型集中检修工作的管理不到位、制度不够健全、准备工作不充分。虽然在工作前召开了××变电站110kV隔离开关检修工作协调会，布置了相关的工作任务，对现场提出了有关安全工作要求。但在抓任务的落实、危险点分析与预控措施方面流于形式，使得确保现场安全作业的组织、技术和安全措施不能落实到位。

（4）在设备停役申请、批复、操作、检修到验收的一系列工作中，由于工作量过大、时间紧迫，未能给现场作业人员留有足够的检修、验收及操作时间，现场设备验收制度执行不力，造成缺少有效的安全把关。

（5）变电运行工区在明知变电站集中检修有重大复杂操作的情况下未有效增加现场操作、验收人员力量；变电站班长、技术员没有对操作中的危险点进行有效的分析，没有制定有针对性的预控措施，造成重大危险点失控，失去最后的安全屏障。

（6）检修管理所在接受大量的检修工作任务后未落实有效的危险点预控措施，未制定有效的设备状态交接验收程序；检修人员在进行110kV旁路断路器间隔检修工作时，需要合上接地开关，但在检修工作结束后，未及时将110kV旁路断路器母线侧接地开关恢复到许可时的断开状态，严重违反省公司企业标准《变电检修现场标准化作业指导书》，安全意识淡薄。

（7）设备验收人员工作责任心不强，在设备验收时未按照规程要求和"隔离开关工作终结验收单"及省公司企业标准《变电站工作票作业规范》执行，在对110kV旁路断路器间隔的设备状态进行核对时，未发现110kV旁路断路器母线侧接地开关在合上位置。暴露出验收人员在工作量较大时未能严格按规定办事，验收走过场。

（8）运行人员安全意识淡薄，工作责任心不强。在倒闸操作过程中未仔细核对设备状态，操作监护人、操作人安全意识淡薄，违反变电倒闸操作"六要七禁八步一流程"的规定和省公司企业标准《电气倒闸操作作业规范》。在执行操作票第一项任务"检查110kV旁路确在冷备用"时，未认真检查接地开关状态，就在操作票打钩执行，严重违反《国家电网公司电力安全工作规程（变电部分）》。

四、防范措施

（1）立即组织事故相关单位和部门召开专题事故分析会，进一步深刻分析事故原因，按照"四不放过"原则，向系统各单位发出事故通报，要求各单位深刻吸取事故教训，举一反三，查找事故隐患，制定防范措施。

（2）认真组织管理人员和运行检修人员学习事故通报，吸取事故教训，落实措施，切实加强设备检修、运行操作管理，进一步明确检修与运行人员之间管理、工作界面。各级领导要深入到生产一线班组组织学习、讨论和制定防范措施，建立完善的设备状态交接制度、程序，严防类似事故的发生。

（3）各单位要深入分析本次事故原因，要从人员的安全意识、工作责任心、工作作风、人员配置、管理制度、稽查力度等方面进行分析。不仅要制定全面的反事故措施，更要狠抓落实，狠抓执行。要严格执行《国家电网公司电力安全工作规程（变电部分）》和省公司变电运行倒闸操作"六要七禁八步一流程"以及变电检修现场作业"三要六禁九步"（三要：①要有经批准的现场检修计划，作业施工方案；②要有规范的现场作业指导书；③要有合格的现场作业工作票。六禁：①严禁无票，无资质人员作业；②严禁人员擅自变更安全措施；③严禁超越工作许可范围作业；④严禁检修现场失去安全监护；⑤严禁无防范措施登高作业；⑥严禁检修作业人员酒后工作。九步：①集中所有人员召开站班会；②办理工作许可手续；③施工前各作业面进行作业交底并签名；④核对现场安措，布置作业现场，进行危险点预控；⑤严格按作业指导书要求进行施工作业；⑥清理作业现场，组织检查和自验收；⑦作业完成后恢复设备至运行人员交给的状态；⑧做好修试记录并配合运行人员验收；⑨人员撤离作业现场并终结工作票）等现场作业规范。严格履行验收程序和现场设备的检查确认工作，举一反三，吸取他人的事故教训，从安全管理上要做扎实的工作，堵塞工作中的漏洞。

（4）加强检修（含改造、基建等）前的准备工作。准备工作从现场勘察、方案制定审批交底、运行方式安排等方面，必须详细、准确、完备、齐全，有条不紊，不打无准备之仗。要严格控制临时性工作。重申：计划工作中临时发现设备缺陷需要消缺时，应履行工作负责人向运行单位、运行单位向管理部门汇报手续；超出原安全措施范围的必须严格控制，并严格按照《国家电网公司电力安全工作规程（变电部分）》和相关标准重新填用工作票，重新履行许可手续。尤其对集中检修工作、复杂操作，要周密考虑，仔细研究，制定施工方案和现场作业指导书。要给设备验收留有足够的时间，同时必须配备足够的人员协同操作、验收等工作。工程安排的时间要由工作量来决定，不要安排得太紧，防止忙中出乱。

（5）针对事故暴露出的习惯性违章现象，加大反违章的力度，加强稽查，严格安全奖惩考核制度；进一步开展《国家电网公司电力安全工作规程（变电部分）》培训工作，使检修、运行人员真正理解掌握《国家电网公司电力安全工作规程（变电部分）》，明确每项条款的目的和意义，做到时时、处处按规程要求进行作业、操作，使规程制度成为检修、运行人员自觉的行为规范。

（6）各单位要抓住本次事故的直接原因，在职工中深入分析，讲清危害，以使每一个员工对误操作的危害进一步加深认识。要吸取事故的教训，制定有针对性的整改措施；要稳定职工的思想情绪，继续抓好安全生产工作，进一步加强设备检修、变电运行工作。

（7）变电运行部门要把如何深入贯彻"六要七禁八步一流程"作为一个课题来研究，使每一个值班人员都能真正了解、掌握和熟练运用；从抓防误操作着手，帮助运行人员从事故中吸取教训，调查研究运行人员业务技能掌握程度，提出切合实际的再培训的方法和目标。

（8）检修部门要认真开展标准化作业，切实开展危险点分析和预控，检修工作负责人要职责明确，安全责任到位，工作前的危险点分析要有针对性、有重点。工作结束后要将设备恢复到许可时的状态移交给运行人员，防范事故发生。

（9）要进一步加强对检修过程中的安全措施管理，重申以下要求：①检修过程中凡涉及变电站的接地开关需要分、合的操作（试验），必须由变电站运行值班员配合检修人员操作。②为防止带电误挂接地线、带接地线误合断路器，其他单位和个人一律不得将接地线、个人保安线带入变电站。确因安全需要装设临时工作地线（防感应电等）时，在确保安全的前提下，由工作负责人向工作许可人提出借用手续，经同意后，在运行人员的监护下，可由工作人员悬挂。③检修单位工作结束后，必须将原工作许可时的设备状态交给运行单位。

（10）各级安监部门要继续加强防误操作的监督、检查，加大三级稽查力度，督促落实整改措施。要结合"反违章、除隐患百日安全"和"反违章斗争深化年"活动，着重在现场的反违章上下功夫，加强现场安全稽查力度，加强安全规范教育和培训工作。各级领导、专职安监员和管理人员要下班组、到现场去讲安全、查违章，发现违章要严格按违章作业考核规定进行查处，决不姑息迁就。

变电站断路器由热备用转冷备用操作中，由于隔离开关传动轴变形，分闸不到位，操作人员未按规定逐相核查隔离开关实际位置，发生一起带电合接地开关恶性误操作事故。

案例 ②

带电合接地开关　造成两级母线失压

✦ 学规程

《国家电网公司电力安全工作规程（变电部分）》

2.3.4.3 条第二款规定：拉合设备［断路器（开关）、隔离开关（刀闸）、接地刀闸（装置）等］后检查设备的位置，应填入操作票内。

2.3.6.5 条规定：电气设备操作后的位置检查应以设备实际位置为准。

2.3.6.4 条规定：操作中发生疑问时，应立即停止操作并向发令人报告。待发令人再行许可后，方可进行操作。

　　××年×月××日，某供电局变电站运行值班人员在进行 10kV 电容器 961 断路器由热备用转冷备用操作过程中，由于 9611 隔离开关传动轴变形，分闸不到位，操作人员也未按规定逐相核查隔离开关实际位置，发生一起带电合接地开关恶性误操作事故。

一、事故经过

　　××年×月××日，该 220kV 变电站当值值班员王××、黄×巡视时发现 10kV 1 号电容器 961 断路器弹簧储能不到位，控制回路异常的缺陷，立即向站长和×× 建设公司检修人员做了汇报。3 月 12 日 9 时 53 分，××地调张××电话命令"将

10kV 1 号电容器 961 断路器由热备用转冷备用"。10 时 03 分，该变电站当值操作人袁×、监护人姚××、值班负责人王××执行 09016 号操作票（操作任务：10kV 1 号电容器 961 断路器由热备用转冷备用），操作第五项"拉开 1 号电容器 9611 隔离开关"后，检查隔离开关操作把手和隔离开关分合闸指示均在分闸位置，但未认真检查隔离开关触头位置，操作完毕后向地调张××做了汇报；10 时 06 分，张××电话命令，根据建 J03-12 号第一种工作票对 10kV 1 号电容器 961 断路器补做安全措施。10 时 22 分，变电站当值操作人袁×、监护人姚××、值班负责人王××在执行 09017 号操作票（操作任务：根据建 J03-12 号第一种工作票对 10kV 1 号电容器 961 断路器补做安全措施）第三项"合上 1 号电容器 96110 接地开关"时，发现有卡涩现象并向值班负责人王××进行了汇报，值班负责人王××到现场也未对 96911 隔离开关实际位置进行认真核实，便同意继续操作，导致三相接地短路。同时造成 10kV 1 号电容器 961 断路器后柜门弹开并触及 2 号主变压器 10kV 侧 A 相母线桥，2 号主变压器差动保护动作，202 断路器、102 断路器、902 断路器跳闸，110kV Ⅱ段母线、10kV Ⅱ段母线失电压，该站所供 110kV 变电站备用电源自动投入装置均正确动作，未造成负荷损失。

事故造成 961 断路器、9611 隔离开关及后柜门损坏，柜内电流互感器绝缘损坏，961 间隔控制电缆损坏，其余相邻设备无异常。

二、事故原因

（1）10kV 电容器开关柜 9611 隔离开关传动轴弯曲变形，9611 隔离开关分闸未到位，操作联锁机构不能正常闭锁接地开关，造成带电合 96110 号接地开关，是造成此次事故的主要原因。

（2）当值运行人员违反倒闸操作规定，未认真检查 9611 隔离开关操作后的实际位置，仅凭分合指示来判断隔离开关位置，是造成此次事故的主要原因。

（3）961 开关柜（型号为 YB-10）从 2007 年投运以来，长期存在带电显示装置装设点不合理等装置性违章安全隐患，是造成此次事故的次要原因。

三、事故暴露出的问题

当时，国家电网公司系统接连发生了 3 起恶性误操作事故，公司安监部及时通报了事故相关情况。国家电网公司紧急召开安全生产电视电话会议，就防止恶性误操作事故做出重要指示。省公司领导当即要求各单位认真传达会议精神，结合反违章工作，迅速组织开展"预防电气误操作事故专项整治行动"，严格贯彻落实各项防止误操作事故措施。

然而，就在安全生产紧急电视电话会议召开的次日，该供电局运行人员有章不循、有禁不止，不认真执行防止恶性误操作相关规定，不认真检查隔离开关操作后的实际位置，导致了带电合接地开关的恶性误操作事故的发生，充分暴露出部分一线员工安全意识淡薄、工作作风浮漂、责任心欠缺、违章行为滋生的严峻现实。

此次恶性误操作事故原因主要为设备隐患、缺陷长期存在得不到处理，倒闸操作制度贯彻执行不到位，对他人的事故教训没有认真总结吸取，造成了类似事故的重复发生，暴露出对上级安全生产指示精神领悟不够，落实上级要求和规章制度上存在层层衰减、层层弱化现象以及"三基"管理严重滑坡等诸多问题。

四、防范措施

（1）从即日起，公司系统内暂停所有新开工的生产现场施工作业和倒闸操作，各单位立即开展为期一周的"安全生产停产学习整顿"活动，重新学习国家电网公司进一步加强当前安全生产紧急电视电话会议精神、国家电网公司系统近期发生的各类事故通报、此次恶性误操作事故通报、省电力公司《防止电气误操作事故专项整治行动实施方案》等内容，深刻吸取事故教训，结合本单位实际，举一反三制定出切实可行的防范措施。

各单位要充分利用停产学习整顿时机，认真组织学习、讨论和专题分析，深入查找本单位在安全生产管理上存在的薄弱环节，深度挖掘可能导致不安全事件的隐患；要根据本单位情况，提出相应的整改措施，制定出切实加强安全生产工作的强有力安全控制措施。

（2）组织安全生产停产学习整顿督查工作小组，分片区对各单位停产学习整顿情况进行检查督促。对停产学习整顿走过场、质量不高、要求不严的单位，将进行通报批评和严肃处理。

（3）大力开展倒闸操作技术练兵和技术演练活动，重点在倒闸操作规范性、操作质量、操作后检查、现场监护等方面下功夫，切实提高倒闸操作质量和现场控制力度。

（4）切实加强现场倒闸操作监督检查。对近期的所有倒闸操作，无论操作项目大小，各单位领导和管理人员必须到现场进行督察；对工作不到位的情况，一经发现将严肃处理。

（5）对于目前已开工且不能立即结束的现场施工作业项目，各单位生产领导务必要亲自把关，安排生技、安监部门专业人员加强现场监督和控制，尽快结束现场施工作业并恢复送电。

（6）对近期内的电网事故处理，调度部门负责人必须到调度室，指挥事故处理；各单位生产领导务必亲自靠前指挥，加强现场倒闸操作监督和事故处理指导协调，确保人身、电网和设备安全。

> 在变电站断路器由冷备转检修操作时,带电误挂接地线,引起母线对地放电,造成母差保护动作,母线失电压。

带电误挂接地线　引发母线失压停电

学规程

《国家电网公司电力安全工作规程(变电部分)》

3.4.1 条规定:工作许可手续完成后,工作负责人、专责监护人应向工作班成员交代工作内容、人员分工、带电部位和现场安全措施,进行危险点告知,并履行确认手续,工作班方可开始工作。工作负责人、专责监护人应始终在工作现场,对工作班人员的安全认真监护,及时纠正不安全行为。

3.4.3 条规定:专责监护人不得兼做其他工作。

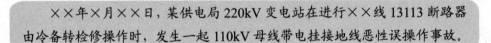

××年×月××日,某供电局 220kV 变电站在进行××线 13113 断路器由冷备转检修操作时,发生一起 110kV 母线带电挂接地线恶性误操作事故。

一、事故前工况

该变电站共分 3 个电压等级,分别是 220、110、10kV,站内共有 3 台主变压器。110kV 母线 13100 母联断路器在合,Ⅰ、Ⅱ段母线并列运行;13140 旁路断路器热备用。

二、事故经过与处理情况

按停电检修计划,×月×日 8 时 0 分~20 时 0 分该变电站××线 13113 间隔停电，进行更换电流互感器工作。

　　10 时 19 分变电站运行人员陈××（操作人）、王×（监护人）开始执行××线 13113 断路器由冷备转检修操作任务。10 时 35 分，运行人员对 13113-1 隔离开关断路器侧逐相验电完毕后，在 13113-1 隔离开关处做安全措施挂接地线，监护人低头拿接地线去协助操作人，操作人误将接地线挂向 13113-1 隔离开关母线侧 B 相引流，引起 110kV Ⅰ母线对地放电，造成 110kV 母差保护动作，110kV Ⅰ母线失电压。10 时 52 分，110kV Ⅰ段母线恢复正常运行方式。

三、事故暴露出的问题

　　（1）安全意识淡薄。操作人员未认真核对设备带电部位，未按倒闸操作程序，在失去监护的情况下盲目操作。违反《国家电网公司电力安全工作规程（变电部分）》3.4.1 条的规定和省电力公司生产现场"十不准"第四条"不准进行没有监护的倒闸操作"，监护人员未认真履行提醒和监护职责，失去对操作人员的监护。操作现场未能有效控制，未能做到责任到位、执行到位。

　　（2）操作过程监护不到位，现场危险源辨识不清。工区指派的现场监护人未履行操作全过程的监护职责，导致操作过程安全漏洞不能及时控制和纠正。

　　（3）事故教训汲取不深刻。对国家电网公司系统发生的几起误操作事故通报在班组传达学习过程中没有引起足够的思想重视，没有将外省区事故教训对照自身实际工作进行认真剖析，没有达到吸取事故教训的目的。

　　（4）工作组织者疏于对个人安全工作行为的预控，失去了现场安全防范"关口前移"的过程控制。

　　（5）安全风险预控管理水平不高，没有制定安全风险预控措施。

四、防范措施

　　（1）全局各单位停工整顿 3 天，认真组织学习国家电网公司系统近期事故通报，按照反违章活动要求，举一反三，查找深层原因，认真排查管理性违章、行为性违章产生的根源，制定防范措施。

　　（2）春检工作已进入集中检修与预试阶段，期间操作频繁，安全风险增大。各单位要加强现场作业安全风险管理，有针对性地开展危险源辨识和危险点分析预控，在春检现场操作中加强三级（即班组、工区、局级）监护制。

131

（3）加强作业现场"四到位"（人员到位、措施到位、执行到位、监督到位）执行，严格执行"两票三制"，认真规范操作流程，各作业面要规范作业方法和作业行为，以认真负责的态度，严防误操作及人员责任事故的发生。

（4）认真开展反违章活动，全面排查管理性违章、装置性违章和行为性违章，强化现场安全监督检查，严肃查纠各类违章行为，严格执行公司生产、基建、农电现场作业三个"十不准"，确保春检工作顺利进行。

（5）加强对现场作业人员的监护，监护人员要切实负起监护责任，认真对操作人员进行监护，及时纠正操作人员的不安全行为，不得兼做其他工作。

（6）加强作业现场安全管理。工作负责人要进行现场带电部位和危险点告知，制定切实可行的预控措施和防范措施，与带电部位保持安全距离。

（7）提高现场作业人员的安全意识，提高现场工作人员的自保和互保能力，互相关心，互相爱护，对现场保留的带电部位等危险点要及时提醒，对操作人员的违章行为要加以制止，真正做到"三不伤害"，保证人身安全。

（8）深入开展员工安全意识教育和技术培训，重点开展《国家电网公司电力安全工作规程（变电部分）》、"两票三制"和现场运行规程的学习和考试，提高员工的安全意识和业务技能。

地线未拆除　送电酿事故

学规程

《国家电网公司电力安全工作规程（变电部分）》

4.4.11 条规定：禁止工作人员擅自移动或拆除接地线。

4.4.13 条规定：装、拆接地线，应做好记录，交接班时应交代清楚。

××年×月××日，某供电公司 220kV 变电站，在进行"35kVⅡ母线由检修转运行"操作时，发生一起 35kV 带地线送电误操作事故。

一、事故发生经过

变电站 35kV 配电设备为室内双层布置，上下层之间有楼板，电气上经套管连接。当日进行 2 号主变压器及三侧断路器预试、35kVⅡ母线预试、35kV 母联断路器的 301-2 隔离开关检修等工作。工作结束后在进行"35kVⅡ母线由检修转运行"操作过程中，21 时 07 分，两名值班员拆除 301-2 隔离开关母线侧接地线（编号 20），但并未拿走而是放在网门外西侧。21 时 20 分，另两名值班员执行"35kV 母联 301 断路器由检修转热备用"操作，在执行"35kV 母联断路器 301-2 隔离开关侧接地线（编号 15）拆除"时，想当然认为该接地线挂在 2 楼的穿墙套管至 301-2 隔离开关之间（实际挂在 1 楼的 301 断路器与穿墙套管之间），即来到位于 2 楼的 301 间隔前，看到已有一组接地线放在网门外西侧（由于楼板阻隔视线，看不到实际位于 1 楼的接地线），误认为应该由他们负责拆除的 15 号接地线已拆除，也没有核对接地线编号，即输入解锁密码，以完成"五防"闭锁程序，并记录该项工作结束，造成301-2隔离开关侧接地线漏拆。

21时53分，在进行35kVⅡ母线送电操作，合上2号主变压器35kV侧312断路器时，35kVⅡ母线母差保护动作，跳开312断路器。

二、事故原因和暴露出的问题

（1）操作票上未注明接地线挂接的确切位置，加之拆除的301-2隔离开关母线侧接地线没有拿走，而且就放在网门前，后续操作人员出现误判断，暴露出现场管理存在漏洞。

（2）值班员未核对接地线编号，未深究为什么应由他们负责拆除的接地线"被别人拆除"了，随意使用解锁程序，致使挂在301-2隔离开关侧的15号接地线漏拆，造成在合312断路器时发生三相短路，暴露出安全意识淡薄、防误操作管理不严格、工作态度极不认真的问题。

（3）送电前，在拆除所有安全措施后，未清点接地线组数，未认真核对接地线编号，把关不严，暴露出工作缺乏严谨性。

三、防范措施

（1）将事故通报全系统各运行单位，深刻剖析事故原因，吸取事故教训，加强领导，落实措施，切实加强设备检修、运行、操作管理，制定防范措施，严防类似事故的发生。

（2）各级领导和管理人员应该从讲政治的高度，以对企业、对职工、对自己认真负责的态度，认真贯彻落实各级安全生产责任制，采取切实有效的措施，花真功夫、下大力气，从根本上防止和杜绝电气误操作事故的发生，要从"被动整改"转变为"主动防范"，要把规范作业人员的行为、提高作业人员的工作责任心，作为一项长期的重点工作抓紧抓好。

（3）认真开展现场标准化作业，各单位要针对现场标准化作业开展情况，结合本次事故，认真总结经验教训，分析存在的问题，突出"安全和质量"两条主线，在注重关键流程和关键环节的前提下，按照简单、实用、可操作的原则，严肃现场作业管理。要按规定进行作业现场施工技术交底，严格落实危险点分析预控、标准化作业要求，确保施工作业人员任务清楚、危险点清楚、作业程序方法清楚、安全措施清楚。全面推进现场标准化作业工作，提高作业人员的安全意识、自我保护意识和执行标准化作业规范的自觉性。

（4）不断完善防误操作的各项组织措施和技术措施。各单位要认真总结、分析防误工作的成效和误操作事故的教训，对防止电气误操作的各项措施、手段要常抓不懈，对那些功能不完善、运行状态差的防误闭锁装置，要尽快安排更新改造，对部分不具备防误闭锁功能的点，要逐一列出清单，做好危险点分析、预控措施。

（5）根据春检工作作业点多、面广、现场人员多、系统操作频繁、安全风险大的特点，各单位要引起足够的重视，加大安全管理力度，各级安监部门要继续加强防误操作的监督、检查督促落实整改措施，发现违章要严格查处，决不姑息。

（6）加强作业现场工作组织，周密制订设备停电检修计划，严格按照计划安排工作，严禁盲目抢工期、赶进度，增强计划执行的刚性。加强作业现场的全过程管理，有关领导和管理人员要加强现场工作监督指导，做到责任到位、措施到位、执行到位。

（7）严格执行防止电气误操作安全管理规定，加强倒闸操作的过程管理，严格执行"两票三制"，严肃倒闸操作流程，按照操作顺序准确核对断路器、隔离开关位置及保护压板状态；认真执行装、拆接地线的相关规定，做好记录，重点交代；严格解锁钥匙和解锁程序的使用和管理，杜绝随意解锁、擅自解锁等行为。

（8）认真开展作业现场安全风险辨识，制定落实风险预控措施，重点防止发生触电、高处坠落等人身伤亡事故。加强安全生产教育和培训，提高工作人员的安全意识和防范能力。强化现场作业人员的自保和互保意识，真正做到"三不伤害"。

（9）深入开展反违章活动，强化安全监督检查，对照《安全生产典型违章 100条》，严肃查纠违章指挥、违反作业程序、擅自扩大工作范围等典型违章现象，确保检修、操作平安顺利进行。

（10）在安排各项检修、预试、施工等工作计划时，要量力而行，保证在本单位作业力量、管理能力可以控制的范围之内，确保电网的安全稳定运行。要避免在一段时间内把过多的工作集中安排在某一时段完成，造成管理上的困难。要避免可能导致发生重大电网事故的运行方式出现，要从施工组织和管理制度上，确保检修施工方案正确完备，对现场检修、施工作业要制定完善可行的检修施工方案和作业指导书，明确安全、组织、技术措施。要严格检修施工方案的审批，对于复杂的施工作业方案要审核把关，确保施工作业方案的正确性和合理性。

> 变电站由检修转运行操作时，接地开关 A 相分闸未到位，造成母线 A 相对地放电，母差保护动作跳闸。

变电站内误操作　对地放电母差动作

学规程

《国家电网公司电力安全工作规程（变电部分）》

2.3.4.3 条第二款规定：拉合设备［断路器（开关）、隔离开关（刀闸）、接地开关（装置）等］后检查设备的位置，应填入操作票内。

2.3.6.5 条规定：电气设备操作后的位置检查应以设备实际位置为准。

　　××年×月××日，某高压供电公司变电站在进行 500kV 4 号联络变压器由检修转运行操作时，由于 5021-17 接地开关 A 相分闸未到位，操作人员未按规程规定逐项核查接地开关的位置，发生 500kV 母线 A 相对地放电，母差保护动作跳闸。

一、事故前运行方式

　　该变电站共分三个电压等级，分别为 500、220、35kV。其中 500kV 为 3/2 接线，站内共有 500kV 联络变压器三组。当日 3 号、5 号联络变压器正常运行，4 号联络变压器停电检修。事故发生时，正在进行 4 号联络变压器送电复原操作。事故发生前 500kV 运行方式如下：

　　500kV-1 母线连接 5011、5031、5041 断路器。

　　500kV-2 母线连接 5013、5033、5043 断路器。

5032、5042、5012 断路器合入状态。

5013、5012 断路器连接 AB 线；5011、5012 断路器连接 5 号主变压器。

5031、5032 断路器连接 3 号主变压器；5041、5042 断路器连接 BC 一线。

5032、5033 断路器连接 BC 二线；5043、5042 断路器连接 DB 线。

500kV 4 号主变压器检修状态，5022、5023、5021-1、5022-2、5023-1、5023-2、5023-6 隔离开关断开；5021-17、5022-27、5023-17、5023-27、5023-67、5023-617 隔离开关合上。

×月××日～××日该变电站按计划进行 4 号联络变压器综合检修工作。

二、事故经过

×月××日～××日该变电站按计划进行 4 号联络变压器综合检修，11 日 16 时 51 分，检修工作结束，向网调回令。网调于 17 时 11 分向该变电站下令，对 4 号联络变压器进行复电操作。执行本次操作任务的是操作人杨×，监护人韩×，值班长刘××。值班人员进行模拟操作后正式操作，操作票共 103 项。17 时 56 分，在操作到第 72 项"合上 5021-1"时，5021-1 隔离开关 A 相发生弧光短路，500kV-1 母线母差保护动作，切除 500kV-1 母线所联的 5011、5031、5041 三个断路器。

检查一次设备：5021-17 隔离开关 A 相分闸不到位，5021-17 隔离开关 A 相动触头与静触头间的距离约 1m。5021-1 隔离开关 A 相均压环和触头有放电痕迹，不影响设备运行，其他设备无异常。经与网调沟通，20 时 37 分网调同意进行复电操作，23 时 8 分操作完毕。事故未造成少发、少送电量。

三、事故原因

5021-1、5021-17 隔离开关为一体式隔离开关。本次事故的直接原因是操作 5021-17 隔离开关时 A 相分闸未到位，操作人员未严格执行《国家电网公司电力安全工作规程（变电部分）》2.3.4.3 条的规定和"倒闸操作六项把关规定"，未对接地开关位置进行逐相检查，未能及时发现 5021-17 隔离开关 A 相未完全分开，造成 5021-1 隔离开关带接地开关合主刀，引发 500kV-1 母线 A 相接地故障。

5021-1 隔离开关 A 相均压环和触头有轻微放电痕迹，不影响设备运行，并于 2 月 16 日该站 500kV-1 母线和 5 号联络变压器停电检修期间进行了处理。

四、事故暴露出的问题

（1）操作人员责任心不强，未严格执行《国家电网公司电力安全工作规程（变电部分）》2.3.4.3 条的规定和《变电站标准化管理条例》中"倒闸操作六项把关规定（六把关中质量检查关规定：操作完毕全面检查操作质量）"，操作人员在操作拉开 5021-17 接地开关后，没有对接地开关位置进行逐相检查，只是在远方目测检查（操作按钮的端子箱距离 5021-1 隔离开关约 40m），没有发现 5021-17 接地开关 A 相未完全分开的情况就继续操作，当操作到第 72 项"合上 5021-1"时，5021-1 隔离开关 A 相发生弧光短路。

（2）5021-1、5021-17 隔离开关 A 相操动机构卡涩，发生 5021-17 隔离开关的 A 相分闸不到位现象，造成弧光短路。

（3）5021-1、5021-17 隔离开关为一体式隔离开关。5021-1 隔离开关与 5021-17 隔离开关之间具有机械联锁功能，联锁装置为"双半圆板"方式。后经检查发现 5021-1 隔离开关 A 相主刀的半圆板与立操作轴之间的连接为电焊连接，在用电动操作 5021-1 隔离开关时，电动力大于半圆板焊接处受力，致使开焊，造成机械闭锁失效。

五、防范措施

（1）立即召开运行人员大会，迅速传达事故通报，认真吸取事故教训，开展为期一周的防误操作安全周活动。一是学习最近几年国家电网公司发生的误操作事故案例，结合此次事故，做到举一反三，深入分析，吸取教训，杜绝同类事故的发生。二是开展安全检查，各部门检查梳理本部门防误操作有关规定是否落实了上级要求，检查防误闭锁装置存在的问题，检查防误有关规定落实情况等。三是进行防误操作专项督查，安监部、生技部联合相关部门人员对变电站的"防误"工作进行调研督查，检查各变电站执行操作把关制度情况，执行《国家电网公司电力安全工作规程（变电部分）》倒闸操作制度情况，执行倒闸操作"提醒票"情况。学习贯彻防误操作各项制度，对防误闭锁装置进行检查调研，加强现场安全监督管理，严格执行"两票三制"，认真规范作业流程、作业方法和作业行为。

（2）5021-17 隔离开关传动机构卡涩已处理，今后结合大小修对同类型隔离开关加强机构传动管理工作，防止类似问题重复发生。

（3）认真排查事故隐患，针对隔离开关机械闭锁装置，结合停电进行专项检查，并制定方案，对可靠性低的机械闭锁及时补强，坚决消除装置性违章，防止同类事故重复发生。

> ××年×月×日，××供电公司 110kV ×× 变电站运行人员在对 10kV Ⅰ 段母线电压互感器由检修转运行过程中，带地线合隔离开关，造成 35、10kV 两级母线停电。

带地线合隔离开关　造成两级母线停电

学规程

《国家电网公司电力安全工作规程（变电部分）》

2.3.4.3 条规定：设备检修后合闸送电前，应检查送电范围内接地开关（装置）已拉开，接地线已拆除。

4.4.13 条规定：装、拆接地线，应做好记录，交接班时应交代清楚。

9.1.10 条规定：配电设备应有防误闭锁装置，防误闭锁装置不准随意退出运行。

一、运行方式

××供电公司 110kV ××变电站进行综合自动化改造，1 号主变压器及三侧断路器处于检修状态，2 号主变压器运行，全站负荷 33MW（35kV 负荷 24MW，10kV 负荷 9MW）。35kV 母联 300 断路器、10kV 母联 100 断路器运行，10kV Ⅰ 段母线电压互感器处于检修状态。35kV ××线（重要用户）377 断路器、10kV ××线 158 断路器为冷备用状态，其他 35、10kV 出线断路器均为运行状态。此外，由于微机防误闭锁系统故障，全站微机"五防"系统退出运行。

二、事故经过

××年×月×日 13 时 20 分，××供电公司变电运行班正值夏××接到现场工作负责人变电检修班陆××电话："110kV××变电站 10kV I 段母线电压互感器及 1 号主变压器 10kV 101 断路器保护二次接线工作结束，可以办理工作票终结手续"。14 时 0 分，夏××到达现场，与现场工作负责人陆××办理工作票终结手续并汇报调度。14 时 28 分，调度员下令将××变电站 10kV I 段母线电压互感器由检修转为运行，夏××接到调度命令后，安排变电副值胡××和方××执行操作。由于变电站微机防误操作系统故障（已报修），在操作过程中，经变电运行班班长方××口头许可，夏××用万能钥匙解锁操作。运行人员未按顺序逐项唱票、复诵操作，在未拆除 1015 手车断路器后柜与 I 段母线电压互感器之间一组接地线的情况下，手合 1015 手车隔离开关，造成带地线合隔离开关，引起电压互感器柜弧光放电。2 号主变压器高压侧复合电压闭锁过电流 II 段后备保护动作，2 号主变压器三侧断路器跳闸，35、10kV 母线停电，10kV I 段母线电压互感器开关柜及相邻的 152 和 154 开关柜受损。事故导致损失负荷 33MW，损失电量 41.58kWh，直接经济损失 18 万元。

事故发生后，××供电公司及时组织力量对事故损坏设备进行抢修，没有发生事故的线路改由 1 号主变压器或其他变电站供电。

三、事故原因

（1）现场操作人员在操作中，不按照操作票规定的步骤逐项操作，随意使用解锁程序，漏拆 1015 手车隔离开关后柜与 I 段母线电压互感器之间一组接地线，是造成事故的直接原因。

（2）设备送电前，在拆除所有安全措施后未清点接地线组数，没有对现场进行全面检查，监护人员没有认真履行职责，把关不严，是事故发生的主要原因。

（3）该变电站没有将防误闭锁装置故障作为紧急缺陷进行管理，致使操作人员能够随意使用解锁程序，"五防"装置形同虚设，是事故发生的另一主要原因。

（4）主变压器低压侧继电保护的压板接触不良，使低压侧保护长期不在运行状态，造成 10kV 母线故障时主变压器高压侧后备保护动作，三侧断路器跳闸，使事故范围扩大，并延迟了故障切除时间。

（5）变电运行人员安全意识淡薄，"两票"执行不严格，习惯性违章严重，违反倒闸操作规定，不按照操作票规定的步骤逐项操作，漏拆接地线。

（6）防误专业管理不严，解锁钥匙使用不规范，在防误系统故障退出运行的情况下，防误专责未按照要求到现场进行解锁监护，未认真履行防误解锁管理规定。

（7）继电保护的检修维护和设备巡视检查工作质量不高，未能及时发现设备隐患和缺陷。

（8）现场安全管理不到位，未认真落实公司到岗到位管理规定要求，现场各项组织措施得不到有效落实。

四、防范措施

（1）成立省、市公司两级联合调查组，迅速开展事故调查分析工作，查找事故原因，分析事故根源，落实事故责任。

（2）加强全员安全知识和安全技能的培训力度，强化"两票三制"、到岗到位等安全制度在实际工作中得到有效落实。

（3）加强倒闸操作管理，严格执行"两票三制"，严肃倒闸操作流程，认真规范地执行装、拆接地线的相关规定。

（4）深入开展防误闭锁装置隐患排查治理工作，全面、系统、细致地排查现场防误装置的配备状况，制定综合治理措施和整改方案，消除防误设备装置缺陷和管理隐患。严格执行防止电气误操作安全管理有关规定，规范解锁钥匙和解锁程序的使用和管理，杜绝随意解锁、擅自解锁等行为。

（5）全面开展110kV输变电设备运行维护安全隐患排查治理，重点对继电保护装置、保护定值、压板进行专项检查，理顺变电检修与运行专业之间工作层面的交接确认。

（6）加强作业现场的全过程管理，严格执行现场标准化作业，做好作业前工作交底，落实风险预控措施，确保各项组织措施落实到位、执行到位。

第四部分
高处坠落人身死亡事故

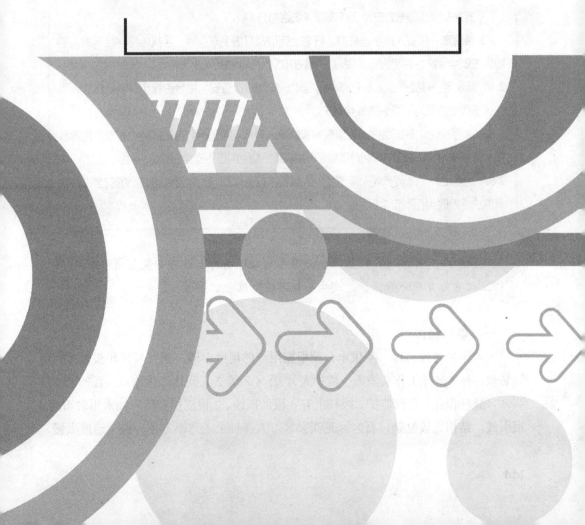

高处作业失去安全带保护，造成高处坠落死亡事故。

案例 ①

杆上作业失保护 高处坠落身亡故

学规程

《国家电网公司电力安全工作规程（线路部分）》

6.2.3 条规定：作业人员攀登杆塔、杆塔上转位及杆塔上作业时，手扶的构件应牢固，不准失去安全保护，并防止安全带从杆顶脱出或被锋利物损坏。

7.10 条规定：高处作业人员在作业过程中，应随时检查安全带是否拴牢。高处作业人员在转移作业位置时不准失去安全保护。

2.3.11.4 条规定：专责监护人工作前对被监护人交代安全措施、告知危险点和安全注意事项；监督被监护人遵守本规程和现场安全措施，及时纠正不安全行为。

2.5.1 条规定：工作负责人、专责监护人应始终在工作现场，对工作班成员的安全进行认真监护，及时纠正不安全行为。

××年×月××日，某供电公司在 0.4kV 电杆上进行安装表箱作业中，作业人员失去安全带保护，发生一起高处坠落死亡事故。

一、事故经过

××年×月××日，某供电公司根据用户的用电申请，派吾××和买××到现场装表，吾××任工作负责人（监护人）。吾××等 2 人到达工作地点，吾××安排买××登杆作业，自己监护。因杆上有 4 根低压线、2 根横担和用户抽水用表箱的 4 根引线，结构比较复杂，吾××见买××一人在杆上工作不方便，施工速度太慢，就亲自上杆一同作业。在固定好表箱上端，准备固定下端时，吾××在解开挂在横担上侧的安全带，移动到横担下侧的过程中，手没有扶牢电杆上牢固构件，由于失去安全带的保护，从杆上 4.5m 处坠落，经抢救无效死亡。

二、事故原因

（1）失去安全带保护。吾××在杆塔上作业移位时，违反《国家电网公司电力安全工作规程（线路部分）》6.2.3 条的规定，解开安全带失去保护，手没有扶住牢固构件，导致高处坠落死亡。

（2）失去监护。吾××未认真执行工作监护制度，违反《国家电网公司电力安全工作规程（线路部分）》2.5.1 条的规定，工作随意性强，自己担任监护人却登杆作业，没有履行监护职责。

三、事故暴露出的问题

（1）现场安全管理混乱，工作负责人（监护人）没有履行职责，违章登杆作业。

（2）工作人员自我防护能力差，安全意识淡薄，登杆作业没有使用有后备绳的双保险安全带。杆上工作移位时思想麻痹，在解开安全带后，手没有扶牢电杆上牢固构件，没有养成良好的作业习惯。

四、防范措施

（1）加强现场安全管理，工作人员要自觉执行《国家电网公司电力安全工作规程（线路部分）》，认真履行自己的职责，禁止"越位"工作。工作负责人（监护人）应认真履行监护职责，不得登杆作业或离开工作现场失去对作业人员的监护。

（2）在杆塔上作业时，应使用有后备绳的双保险安全带。安全带和安全绳应分别挂在杆塔不同的牢固构件上，并防止安全带从杆顶脱出或被锋利物损坏。作业过程中，应随时检查安全带是否拴牢。在转位（移位）时，手要扶牢电杆上的牢固构件，而且不得失去后备保护绳的保护。

（3）强化现场工作人员的安全意识，提高自我保护能力，养成良好的作业习惯。

> 高处作业不系安全带，引发高处坠落人身死亡事故。

案例 **2**

违章登杆作业　坠落致人死亡

━◆ 学规程

《国家电网公司电力安全工作规程（线路部分）》

6.2.4 条规定：在杆塔上作业时，应使用有后备绳或速差自锁器的双控背带式安全带。

2.3.11.2 条规定：工作负责人（监护人）督促、监护工作班成员遵守本规程、正确使用劳动防护用品和执行现场安全措施。

2.3.11.4 条规定：专责监护人工作前对被监护人交代安全措施、告知危险点和安全注意事项；监督被监护人遵守本规程和现场安全措施，及时纠正不安全行为。

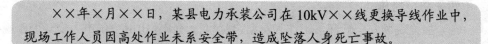

××年×月××日，某县电力承装公司在 10kV×× 线更换导线作业中，现场工作人员因高处作业未系安全带，造成坠落人身死亡事故。

一、事故经过

××年×月××日，某县电力承装公司外线班根据工作计划安排，在 10kV×× 842 线 34＋5 号～34－2 号杆进行裸导线更换为绝缘导线工作。李××（死者，临时技工）根据工作负责人安排，在无人监护的情况下，登杆拆开××842 线 34＋4 号杆上的电缆搭接头。李××拆开 A、B 两相搭接头后，在转移换位准备拆 C 相搭接头时，因未系安全带，从高处坠落至地面，经抢救无效死亡。

二、事故原因

（1）李××在高处作业时，违章作业未使用安全带，违反《电力安全工作规程

（线路部分）》6.2.4 条的规定，致使在转移换位时失去安全带保护，造成高处坠落事故的发生，是造成此次事故的直接原因。

（2）作业现场无人监护，冒险作业。工作负责人（监护人）未能发现并制止李××未系安全带的违章行为。

三、事故暴露出的问题

（1）现场安全管理混乱，工作负责人未认真履行安全责任，安排李××上杆作业，在自己不能对其进行监护的情况下，没有安排专责监护人对李××进行监护，使其失去监护，违章作业。

（2）习惯性违章严重。作业人员在无人监护的情况下不系安全带，冒险登杆作业，暴露出现场工作人员安全意识淡薄，缺乏自保、互保能力，未养成良好的作业习惯。

（3）现场安全措施不完善，落实不到位，工作监护制度执行不严。

（4）临时用工安全管理制度执行不严，对参加作业的临时工安全知识教育及培训不够，《国家电网公司电力安全工作规程（线路部分）》执行不力。

四、防范措施

（1）加强现场安全管理，落实现场安全措施，吸取事故教训，查找事故根源，杜绝类似事故再次发生。

（2）加强危险点分析和预控，加强作业现场安全监督检查，及时纠正违章行为。

（3）杆上高处作业必须使用安全带，在杆塔高处作业应使用有后备绳的双保险安全带。安全带和保护绳应分别挂在杆塔不同部位的牢固构件上，应防止安全带从杆顶脱出或被锋利物损坏。作业人员在转移、转位时，手要扶牢电杆或构件，且不得失去后备绳的保护。另外，在使用安全带前，应对其进行试验和检查。

（4）加强对作业人员的监护，在工作负责人不能对所有作业人员进行有效监护时，应增设专责监护人并确定被监护的人员。监护人要切实负起监护责任，对作业人员进行认真的、全过程监护，及时提醒和纠正其不安全行为。

（5）强化对员工（包括临时工）的安全生产知识教育和培训，提高其安全意识和自保、互保能力，使其养成良好的作业习惯。

登梯作业无人扶持，未按要求戴好安全帽，无人监护，违章作业，不慎从梯上摔落，造成人身死亡事故。

案例③

独自登梯无监护　坠落身亡不归路

学规程

《国家电网公司电力安全工作规程（变电部分）》

3.2.10.5 条规定：工作班成员应：①熟悉工作内容、工作流程，掌握安全措施，明确工作中的危险点，并履行确认手续；②严格遵守安全规章制度、技术规程和劳动纪律，对自己在工作中的行为负责，互相关心工作安全，并监督本规程的执行和现场安全措施的实施；③正确使用安全工器具和劳动防护用品。

"三防十要"规定：高空作业要戴好安全帽；梯子登高要有专人扶守，必须采取防滑、限高措施。

　　××年×月××日，某供电公司在 35kV 变电站消缺工作中，变电站操作人员登梯粘贴试温蜡片时，因身体失稳不慎从梯上摔落，造成人身死亡事故。

一、事故经过

　　××年×月××日，某供电公司检修人员在 35kV××变电站进行 35kV 312-2 隔离开关过热的消缺工作。操作队队长吕××同曹××、靳××在对其他运行设备进行巡视时，发现××311 断路器及 311-4 隔离开关触头也有过热现象，便与值班调度员联系，建议将此缺陷一并处理。值班调度员下令将××311 断路器及 311-4 隔离开关由运行转检修，许可开始工作。吕××安排靳××粘贴××311 断路器试温蜡片，他本人负责监护。靳××在吕××去拿试温蜡片时，擅自登上 2m 的人字梯，身体失稳，从 1m 多高处摔下，安全帽脱落，右后脑撞击 35kV 311 断路器基础右角处，导致脑颅损伤并伴有大量失血，经抢救无效死亡。

二、事故原因

（1）违章作业，在无人监护、无人扶持梯子的情况下擅自登上人字梯，身体失去平衡后，导致摔落。

（2）现场作业人员没有按要求戴好安全帽。靳××安全帽下颏带未系牢，致使其在摔落过程中安全帽脱落，头部失去保护，造成头部严重受伤，失血过多而死亡。

三、事故暴露出的问题

（1）习惯性违章严重。在梯子无人扶持、安全帽下颏带未系牢、无人监护的情况下登梯作业，暴露出现场作业人员安全意识淡薄。

（2）监护制度执行不认真。监护人责任心不强，未能及时发现并制止安全帽下颏带未系牢这一习惯性违章行为。

（3）安全教育、培训不到位。职工安全生产观念不强，自我防护能力差，没有按规定正确戴好安全帽和使用人字梯。

四、防范措施

（1）吸取事故教训，查找事故根源，加强现场安全管理，防止类似事故再次发生。

（2）加深对习惯性违章严重性的认识，加大反"三违"（违章操作、违章指挥、违反劳动纪律）考核力度。

（3）使用梯子登高作业时，必须有人扶持，有人监护。

（4）作业时必须按规定戴好安全帽，安全帽下颏带一定要系牢，并保证安全帽的内护层完好无损。

（5）严格执行工作监护制度。监护人不在工作现场，现场作业人员不得擅自进行工作。作业人员工作时，监护人要切实负起监护责任，对工作班成员的安全进行认真监护，及时纠正不安全的行为。

（6）加强安全教育，提高工作人员自我保护意识，努力做到"三不伤害"，即不伤害自己，不伤害别人，不被别人伤害，保证人身安全。

电杆加装铁头升高线路，安装质量不良引起横担下倾，致使正在下杆的 1 名作业人员高处坠落死亡。

案例 ④

安装质量不良　横担下倾
下杆工作人员　坠落身亡

✚ 学规程

《国家电网公司电力安全工作规程（线路部分）》

6.2.4 条规定：在杆塔上作业时，应使用有后备绳或速差自锁器的双控背带式安全带。安全带和保护绳应分挂在杆塔不同部位的牢固构件上。

7.10 条规定：高处作业人员在作业过程中，应随时检查安全带是否挂牢。高处作业人员在转移作业位置时不准失去安全保护。

2.3.11.2 条规定：工作负责人（监护人）督促、监护工作班成员遵守本规程、正确使用劳动防护用品和执行现场安全措施。

2.3.11.4 条规定：专责监护人工作前对被监护人交代安全措施、告知危险点和安全注意事项；监督被监护人遵守本规程和现场安全措施，及时纠正不安全行为。

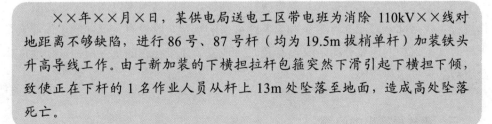

　　××年××月×日，某供电局送电工区带电班为消除 110kV××线对地距离不够缺陷，进行 86 号、87 号杆（均为 19.5m 拔梢单杆）加装铁头升高导线工作。由于新加装的下横担拉杆包箍突然下滑引起下横担下倾，致使正在下杆的 1 名作业人员从杆上 13m 处坠落至地面，造成高处坠落死亡。

一、事故经过

××年××月×日，某供电局 110kV ××线（1961 年投运）计划停电，送电工区配合消除 86 号、87 号杆间导线因乡村道路升高引起的对地距离不够缺陷（导线对路面距离 5.7m），方案是对 86 号、87 号杆加装 2.4m 铁头，整体提升导线 1.9m，具体工作由送电工区带电班负责实施。带电班工作前制定了"三措"、危险点分析、标准化作业卡，提前送交了工作票。当日，工作负责人乔××，带领工作班成员杜×× 等 6 人，10 时左右到达 87 号杆作业现场，工作负责人宣读完工作票，进行两交底并签名，布置完安全措施后开始工作，王××、刘×× 上杆作业，工作负责人乔×× 监护，其他人做地勤配合。87 号杆加装铁头工作完工后，于 14 时左右，开始进行 86 号杆加装铁头工作。工作负责人安排杜××（死者，男，31 岁，复转军人，经培训 2000 年分配到送电工区工作，高级工）、史×× 上杆安装，其他人做地勤。16 时 40 分左右，86 号杆加装铁头升高导线杆上作业结束，杜×× 从下横担上部下杆时，因新加装的下横担拉杆包箍突然下滑 1.2m，引起下横担下倾，致使杜×× 从 13m 处坠落至地面，现场工作人员立即将其送往当地医院进行抢救。19 时 30 分，杜×× 经抢救无效死亡。

二、事故原因

（1）下横担拉杆包箍安装质量不良，突然下滑引起下横担下倾，是造成本次事故的直接原因。拉杆包箍安装后检查不仔细，致使包箍松动的重大隐患没能被及时发现，直接导致本次事故发生。

（2）作业人员杜×× 自我防护意识不强，高空移位时失去后备保险绳保护，违反《国家电网公司电力安全工作规程（线路部分）》6.2.4 条的规定，是造成本次事故的主要原因。

（3）工作负责人（监护人）职责履行不到位，违反《国家电网公司电力安全工作规程（线路部分）》2.3.11.2 条和 2.3.11.4 条的规定，既没有发现并制止作业人员下杆时失去保护的违章行为，又没有及时发现安装质量存在的重大问题，是造成本次事故的另一主要原因。

三、事故暴露出的问题

（1）全过程的安全质量控制措施不力。在本次工作过程中，现场人员对施工质量控制不严格，检查工作不细致，没有及时发现包箍松动这一严重隐患。标准化作业未能与危险点分析控制、施工工艺标准等要求有机结合，现场执行不力。

（2）规章制度执行不严肃。《国家电网公司电力安全工作规程（线路部分）》明确规定在杆塔高空作业过程中，作业人员在转位时不准失去安全保护，但是本次作业人员并没有严格执行，致使高空转位失去保护。

（3）工作协调和管理不力。没有充分理解《110kV 输变电设备技术改造指导意见》内涵，不能正确处理好技术改造和设备消缺的关系。该线路已运行 46 年，且已纳入大修改造计划，消缺施工方案未能兼顾长远，从安全、技术、设备、运行管理等方面统筹安排，改造工作不彻底。

（4）教育培训内容和方式缺少针对性和实效性。对员工的技能培训方式单一，效果较差，致使员工技术水平不高，实际工作能力不强，安全风险防护、自我保护意识较差。

（5）面对平稳上升的安全形势，一些人员对存在的隐患和风险重视不够，认识不足，思想上麻痹大意，安全管理监督不到位。

四、防范措施

（1）各单位要按照"谁主管、谁负责，谁组织、谁负责，谁实施、谁负责"原则，切实落实各类工作、各级人员的安全责任。各级领导和生产管理人员要深入基层和作业现场，加强基建施工、大修技改、运行消缺等工作的安全管理和监督。高度重视小型、简单、临时施工、检修、消缺等工作管理，确保各项工作安排合理和必要，确保各类作业现场安全可控和在控。

（2）全面开展作业风险分析，严格落实风险预控措施。要结合具体作业、设备、人员和环境情况，从工作计划、人员组织、作业方案、现场实施、监督管理等方面，全面开展作业风险评估分析，有针对性地制定并落实风险预控措施，严格落实作业方案编制审批、现场标准化作业等管理要求，严防风险和隐患失控酿成事故。

（3）切实加强员工岗位作业技能培训。要针对员工的具体岗位和技能水平，按照"缺什么、补什么"的原则，强化常见、典型作业技能实训，切实提高员工技能培训的针对性和实效性。对新进的复转军人、大学生结合专业和工种，分层次、分专业进行技能培训，提高其专业技能水平和实际动手能力。结合事故案例学习，强化岗位必需的《国家电网公司电力安全工作规程（线路部分）》知识学习和培训，通过培训使管理层明白现场的安全管理职责、安全管理要求、如何履行安全管理责任以及具有规范的安全管理行为；使执行层熟练掌握保证现场安全的组织措施、技术措施和劳动保护措施的应用，具有规范的现场安全工作行为，不断增强员工的安全意识和自保、互保能力，做到"三不伤害"。

（4）严格监督管理，坚决消除各类违章行为。认真学习领会"违章就是事故之源、违章就是伤亡之源"，开展专题安全教育，切实增强全体员工遵章守纪的自觉性和主动性。深入分析和解决违章行为背后的深层次原因和问题，从严格监督考核和激励引导两方面，进一步强化反违章工作，不断提高安全工作水平。

（5）切实加强对各类技改工程的安全管理。严格执行国家电网公司《关于加强技术改造和加快电网发展的意见》，继续加大电网设备改造力度，确保电网安全运行。坚持保电网、保人身、保设备的原则，科学合理制定电网设备改造计划方案，切实加强作业过程中的过程控制和质量控制。对运行年限较长的杆塔，不允许再进行加铁头等涉及结构变化的改造，对 35kV 及以上线路需要进行加装铁头等涉及结构变化的改造工作时，要求由相应设计部门进行方案设计，必要时进行杆塔更换处理。

（6）继续深化标准化作业。根据标准化作业开展中存在的问题进行分析研究。完善补充标准化作业卡，将标准化作业向工作的前期准备和工作结束延伸，把作业过程中的各个关键环节与危险点分析结合起来，实现现场作业过程的安全控制和质量控制，确保工作计划受控、工作准备受控、作业过程受控、工作结束过程受控，达到现场作业安全管理精细化。

（7）落实"三个百分之百"的要求，以"三铁"（铁的面孔、铁的手腕、铁的心肠）精神强化责任落实、强化制度执行、强化监督考核、强化结果控制，把确保安全生产的各项要求贯穿于计划安排、方案制定、措施落实和组织实施的全过程，把风险控制在事先，把隐患消灭在萌芽。

在500kV线路更换绝缘子工作中，违章作业，发生高处坠落人身死亡事故。

案例 5

高处作业　更换高压绝缘子
违规违章　高处坠落人身亡

学规程

《国家电网公司电力安全工作规程（线路部分）》

7.10 条规定：高处作业人员在作业过程中，应随时检查安全带是否挂牢。高处作业人员在转移作业位置时不准失去安全保护。

2.3.11.2 条规定：工作负责人（监护人）督促、监护工作班成员遵守本规程、正确使用劳动防护用品和执行现场安全措施。

2.3.11.4 条规定：专责监护人工作前对被监护人交代安全措施、告知危险点和安全注意事项；监督被监护人遵守本规程和现场安全措施，及时纠正不安全行为。

××年×月×日 14 时 16 分，某电网公司超高压局送电工区在进行 500kV ×× Ⅰ 号线更换绝缘子作业中，发生一起高处坠落人身死亡事故。

一、事故经过

××年×月×日至××日，某超高压局送电工区进行 500kV×× Ⅰ 号线更换绝缘子作业，全线共分 6 个作业组。作业进行到第 5 天，第三作业组负责人周×，带领作业人员乌×（死者，男，蒙古族，班组安全员）等 8 人，进行 103 号塔瓷质绝缘子更换为合成绝缘子工作。塔上作业人员乌×、邢×× 在更换完成 B 相合成绝缘子后，准备安装重锤片。邢×× 先沿软梯下到导线端。14 时 16 分，乌×随后在沿

155

软梯下降过程中，不慎从距地面 33m 高处坠落至地面，送医院经抢救无效死亡。

事故调查确认，乌×在沿软梯下降前，已经系了安全带保护绳，但扣环没有扣好、没有检查。在沿软梯下降过程中，没有采用"沿软梯下线时，应在软梯侧面上下，应抓牢踩稳，稳步上下"的规定操作方法，而是手扶合成绝缘子脚踩软梯下降，不慎坠落。小组负责人抬头看到乌×坠落过程中，安全带保护绳在空中绷了一下，随即同乌×一同坠落至地面。

二、事故原因

（1）工作班成员乌×的违章行为是造成此次事故的直接原因。首先，乌×在系安全带后没有检查安全带保护绳扣环是否扣牢，违反《国家电网公司电力安全工作规程（线路部分）》7.10 条的规定。其次，乌×在沿软梯下降时，违反工区制定的使用软梯的规定。

（2）工作负责人违反《国家电网公司电力安全工作规程（线路部分）》2.3.11.2 条和 2.3.11.4 条的规定，没有对作业人员实施有效监护，对乌×上述违章行为没有及时提醒、纠正和制止，而是默认乌×使用软梯的违规操作方式，是造成此次事故的间接原因。

三、事故暴露出的问题

（1）人员违章问题突出。现场作业人员在工区对软梯使用方法有明确规定的情况下，仍然使用过去的习惯性做法，表现出对规定和制度的漠视；现场监护人员对作业人员的违章行为不提醒、不纠正、不制止，听之任之，说明反违章工作开展不力、重视不够。

（2）现场作业人员的安全意识和风险意识不强。对沿软梯上下的风险估计不足，在作业指导书和技术交底过程中，都没有强调软梯的使用。

（3）培训的针对性和实效性亟待加强。现场作业人员实际操作技能较差，基本技能欠缺。

四、防范措施

（1）将该次事故通报系统各单位，召开安全生产紧急电视电话会议，认真剖析事故原因。全系统停产一天进行安全生产整顿，吸取事故教训，从主观上、管理上查究存在的问题和漏洞，有针对性地制定整改措施，杜绝类似事故的再次发生。

（2）针对现场作业人员的违章行为，进一步开展反违章活动，结合本人实际工作，认真排查各种类型的违章行为，梳理人身、电网、设备隐患。深挖违章的思想根源，加大反违章工作的力度，全面开展反违章培训，重点进行班组反违章的督察和指导，落实整改措施和整改责任，严厉查处违章行为。

（3）作业现场要严格执行《国家电网公司电力安全工作规程（线路部分）》，坚决杜绝无票作业和无监护操作，作业前要进行技术、安全交底，落实危险点分析预控，确保每个作业人员工作任务清楚、危险点清楚、作业程序方法清楚、安全保障措施清楚。工作负责人（监护人）要切实负起监护责任，对作业人员进行认真、全过程监护，及时提醒、纠正不安全行为，保证作业人员的人身安全。

（4）强化现场作业人员的安全意识，对沿软梯上下的风险要有足够的认识，严格执行"沿软梯下线时，应在软梯侧面上下，应抓牢踩稳，稳步上下"的规定操作方法。

（5）加大培训的针对性和实效性，全面提高工作人员的业务技术素质和实际操作技能。要分工种、分岗位进行有针对性的培训，搞好操作技能的学习和培训，强化规章制度的学习和培训，切实提高每位员工的安全意识和遵章守纪的自觉性。

第五部分

人员灼伤事故

在处理变电站 10kV 电压互感器二次电压不平衡异常时，电压互感器 A 相绝缘击穿，高压熔断器爆炸，造成母线短路，弧光和烟雾使现场 5 名工作人员灼伤。

绝缘不良　电压互感器 A 相击穿
母线短路　5 名工作人员被灼伤

学规程

《国家电网公司电力安全工作规程（变电部分）》

3.2.2.1 条规定：高压设备上工作需要全部停电或部分停电者，应填用第一种工作票。

××年×月××日，某供电局调通所保护二班在处理 110kV××变电站 10kV II 段电压互感器二次电压不平衡异常时，10kV II 段电压互感器 A 相因绝缘不良发生故障，高压熔断器爆炸，飞弧引起 A、B 相短路，紧接着发展为 10kV 母线三相短路，致使到位干部黄××，保护班张××、靳×、张××及值班员王××被弧光及烟雾灼伤。事故发生后，受伤人员立即被送往医院救治，并尽快恢复了××变电站 10kV II 母的正常供电。

一、事故经过

1. 事故前运行方式

110kV××变电站由 330kV××变电站供电；1、2 号主变压器并列运行，带 10kV I 、II 段母线各馈路负荷，10kV I 、II 段母线经母联 211 断路器并列运行， I 段电压互感器运行，II 段电压互感器冷备用。

160

2. 事故经过

××年×月××日，10kVⅡ段电压互感器更新投运，投运过程中发现二次电压不平衡（A 相 156V、B 相 96V、C 相 60V），随即将该电压互感器撤出。×月××日，安排对Ⅱ段电压互感器检查消缺。

×月××日 14 时 10 分，10kVⅡ段电压互感器由冷备用转检修，14 时 15 分许可调通所保护二班张××等工作。保护班工作人员对二次回路接线检查无异常后，为进一步查明原因，要求将 10kVⅡ段电压互感器插车（隔离开关）推入运行位置，带电测量电压互感器二次电压。变电站值班员王××、梁××拆除 10kVⅡ段电压互感器两侧接地线，将 10kVⅡ段电压互感器插车进车，保护班人员开始测量电压互感器二次电压（值班员梁××回到主控室，王××留在工作现场配合）。

14 时 29 分保护班人员开始进行二次电压测量，14 时 38 分突然发生 10kVⅡ段电压互感器 A 相绝缘击穿，熔断器爆炸，飞弧引起 A、B 相短路，紧接着发展为 10kV 母线三相短路，2 号主变压器后备保护动作，10kV 母联 211 断路器及 2 号主变压器低压侧 102 断路器跳闸，10kVⅡ段母线失电压，现场 5 名工作人员被弧光及烟雾灼伤。

故障电压互感器型号为 LDZX9-10，开关柜型号为 KYN28-12Z/028。

二、事故原因

××变电站 10kVⅡ段电压互感器 A 相绝缘击穿发生弧光接地故障后，由于该变电站消弧线圈未投，在弧光接地及过电压情况下迅速导致 A、B 相短路，紧接着发展为 10kV 母线三相短路，同时高压熔断器瞬间通过电流过大而熔断爆炸。事故后现场检查发现，10kVⅡ段电压互感器 A、B 相有裂纹，对 A 相进行解体检查发现其内部有局部匝间短路现象。分析认定事故的直接原因是：因浇注工艺及材质不良，致使电压互感器本身存在质量缺陷，在带电进行测试过程中，发生绝缘击穿短路故障。

三、事故暴露出的问题

本次事故的直接原因是电压互感器存在质量缺陷，但深层次原因暴露出安全生产全过程管理存在的问题。

（1）变电站生产运行管理不规范。××变属于城区变电站，10kV 系统电缆出线多、电流大（达84A），但消弧线圈存在"控制装置故障"缺陷一直没有投入运行，造成××变 10kV 系统长期存在过电压问题，暴露出设备缺陷管理不严格、技术管理存在漏洞等问题。

（2）设备投运交接试验把关不严。电压互感器到货后，××供电局修试所试验班对其进行了交接试验，发现 3 只电压互感器空载电流数值相差很大（109V/3min，3.1、0.5、0.5A）但并未引起试验人员的警惕和重视，致使带有缺陷的设备投入运行。

（3）安全管理制度执行不严。本次工作属于正常消缺，按照《国家电网公司电力安全工作规程（线路部分）》应办理"变电第一种工作票"，但实际却办理了"变电站事故应急抢修单"，而且没有制定相应的安全措施，"两票三制"执行不严格，存在管理性违章和作业性违章。

（4）工作人员基本技能和安全意识差。保护班工作人员基本理论知识缺乏、现场工作经验不足、安全风险意识不强，在检查二次电压不平衡时，错误判断二次回路存在问题，忽视了电压互感器本身可能存在缺陷，采用直接使电压互感器带电进行检查测量，消缺作业方法不当。

四、整改措施

（1）加强设备管理，严把设备入网关。高度重视开关柜、电压互感器、电流互感器、高低压熔断器等零部件的选型和采购管理，规范程序，明确责任，坚持选用质量可靠、运行业绩良好的设备和产品，加强入网检验和质量抽检，加强运行跟踪和质量反馈，及时剔除不合格的产品和厂家。要高度重视设备交接试验检查，发现新设备质量异常，应严格遵照技术监督规定和要求，逐级汇报解决，决不允许新设备带病投运。

（2）加强现场管理。计划检修作业要严格执行《国家电网公司电力安全工作规程（线路部分）》和标准化作业规定，从严控制事故应急抢修单的使用范围，杜绝任何形式的无票工作、无票操作行为。对常见、典型的消缺工作应建立规范的工作程序，明确危险点分析和预控措施，确保消缺工作人身和设备安全。要加强对工作票签发人、工作负责人、工作许可人等关键人员的安全知识和技能培训，掌握运行、试验、检修等规章制度要求，安全、正确、合理地组织现场作业。

（3）加强事故分析，认真查清事故背后的深层次原因和问题，举一反三，采取有力措施，不断消除管理漏洞，夯实安全基础。

（4）目前，在 10kV 电压互感器的交接试验中按照《电力设备预防性试验规程》要求的试验项目，无法对电压互感器的励磁特性进行判断。根据 10kV 干式电压互感器励磁特性易饱和、过载能力差、易因热稳定能力不足引起击穿的情况，在今后的交接试验项目中增加对电压互感器励磁特性的测试，尤其对于干式电压互感器要严格把关。

（5）加强设备管理，认真贯彻执行国家电网公司《预防 110（66）kV～500kV 互感器事故措施》《110（66）kV～500kV 互感器技术监督规定》《十八项电网重大反事故措施》等有关规定，对互感器及消弧线圈进行全面普查，对熔断器的安装尺寸进行校核，消除装置性隐患。对 10kV 干式电压互感器交接试验中的空载电流数据进行全面普查，如发现试验数据偏大，立即安排停电进行电压互感器励磁特性的测试。根据普查结果制定如下具体整改措施：

1）对于电容电流严重超标的变电站，迎峰度夏之前按计划完成对消弧线圈的改造、消缺，并对整改完成情况跟踪考核。

2）对按计划在迎峰度夏之前不能完成改造、消缺的变电站，调度部门安排将母线分列运行，降低其电容电流。

（6）加强运行管理，变电站发生单相接地故障后要立即处理，不能因接地时间过长引起 10kV 电压互感器运行中发生故障。因目前变电站多为无人值守站，要限期完善各站小电流接地选线装置，在单相接地后尽快排除故障点。

（7）开展标准化作业培训，提高一线职工的技能素质和安全意识。对标准化作业程序卡进行全面梳理，编制完善各类现场作业的程序卡，并将标准化作业执行情况作为现场安全检查的重要内容。以"两票三制"为重点，加大反违章考核力度。

> 变电运行人员在处理断路器拒动时，发生弧光短路，造成两人重伤一人轻伤。

断路器拒动　隔离开关发生弧光短路
灼伤人员　造成两人重伤一人轻伤

学　规　程

《国家电网公司电力安全工作规程（变电部分）》

2.3.4.3 条第三款规定：进行停、送电操作时，在拉合隔离开关（刀闸），手车式开关拉出、推入前，检查断路器（开关）确在分闸位置。

××年×月××日，某市电业局220kV××变电站运行人员在处理断路器拒动时，发生弧光短路，电弧气浪冲开开关柜下柜前门，造成现场人员被电弧灼伤（两人重伤一人轻伤）。

一、事故经过

××年×月××日12时34分47秒，某市电业局220kV××变电站10kV××Ⅱ回906（接于10kVⅡ段母线）线路故障，906线路过电流保护Ⅱ段、Ⅲ段动作，断路器拒动。12时34分49秒××变电站2号主变压器10kV侧电抗器过电流保护动作，跳开2号主变压器三侧断路器，5s后10kV母线分段备用电源自动投入装置动作合900断路器成功（现场检查906线路上跌落物烧熔，故障消失）。1、2号站用变压器发生缺相故障。

值班长洪××指挥全站人员处理事故，站长陈××作为操作监护人与副值班工刘××处理906开关柜故障。洪××、陈××先检查后台监控机显示器：906断路

断路器拒动　隔离开关发生弧光短路　灼伤人员　造成两人重伤一人轻伤

器在合位，显示线路无电流。12 时 44 分在监控台上遥控操作断开 906 断路器不成功，陈××和刘××到开关室现场操作"电动紧急分闸按钮"后，现场断路器位置指示仍处于合闸位置；12 时 50 分回到主控室汇报，陈××再次检查监控机显示该断路器仍在合闸位置，显示线路无电流；值班长洪××派操作人员去隔离故障间隔，陈××和刘××带上"手动紧急分闸按钮"专用操作工具准备出发时，变电部主任吴××赶到现场，三人一同进入开关室。13 时 10 分操作人员用专用工具操作"手动紧急分闸按钮"，断路器跳闸，906 断路器位置指示处于分闸位置；13 时 18 分由刘××操作断 9062 隔离开关时，发生弧光短路，电弧将操作人刘××、监护人陈××及变电部主任吴××灼伤。经市医院诊断，吴××烧伤面积 72%（其中Ⅲ度 44%）；刘××烧伤面积 65%（其中Ⅲ度 33%）；陈××烧伤面积 10%（Ⅱ度）。

二、事故原因

（1）906 断路器分闸线圈烧坏，在线路故障时拒动，这是造成 2 号主变压器三侧越级跳闸的直接原因。

（2）906 断路器操动机构的 A、B 两相拐臂与绝缘拉杆连接松脱造成 A、B 两相虚分，在断开 9062 隔离开关时产生弧光短路；由于 906 开关柜压力通道设计不合理，下柜前门强度不足，弧光短路时被电弧气浪冲开，造成现场人员被电弧灼伤。开关柜的上述问题是人员被电弧灼伤的直接原因。

（3）综合自动化系统逆变电源受故障冲击，综合自动化设备瞬时失去交流电源，监控后台机通信中断，监控后台机不能自动实时刷新 900 断路器在备用电源自动投入装置动作后的数据。给运行人员的判断造成误导，是事故的间接原因。

（4）现场操作人员的安全防范意识、自我保护意识不强，危险点分析不够，运行技术不过硬，在处理事故过程中对已呈现缺陷状态的设备未能采取更谨慎的处理方式。

（5）该开关设备在最近一次小修中各项目合格，虽然没有超周期检修，但未能确保检修周期内设备处于完好状态。

三、防范措施

（1）对同类型断路器开展专项普查，立即停用与故障断路器同型号、同厂家的断路器。

（2）对与故障断路器同型号、同厂家且已运行 5 年以上的断路器，安排厂家协助大修改造，确保断路器可靠分、合闸，确保防爆能力符合要求。

（3）检查所有类似故障开关柜的防爆措施，确保在柜内发生短路产生电弧时，能把气流从柜体背面或顶部排出，保证操作人员安全。对达不到要求的，请厂家结合检修整改。

（4）检查各类运行中的中置柜正面柜门是否关牢，其门上观察窗的强度是否满足要求，不满足要求的立即整改。

（5）高压开关设备的选型必须选用通过内部燃弧试验的产品。

（6）检查综合自动化系统的逆变装置电源，确保逆变装置优先采用站内直流系统电源，站内交流输入作为备用，避免事故发生时交流电源异常的逆变装置及综合自动化设备的冲击，进而导致死机、瘫痪等故障的发生。

（7）运行人员在操作过程特别是故障处理前都应认真做好危险点分析，并采用相应的安全措施。

（8）结合"爱心活动""平安工程"，加强对生产人员危险意识和自我保护意识的教育及业务培训，提高生产人员的业务技能和安全意识。

变电站发生外包单位油漆工误入带电间隔，造成 3 座 110kV 变电站全停和人员灼伤事故。

案例 ③

油漆工　误入带电间隔
人灼伤　三座变电站失电

学 规 程

《国家电网公司电力安全工作规程（变电部分）》

3.4.1 条规定：专责监护人应始终在工作现场，对工作班人员的安全认真监护，及时纠正不安全的行为。

3.4.3 条规定：专责监护人不得兼做其他工作。专责监护人临时离开时，应通知被监护人停止工作或离开工作现场，待专责监护人回来后方可恢复工作。

4.5.3 条规定：在室内高压设备上工作，应在工作地点两旁及对面运行设备间隔的遮栏（围栏）上和禁止通行的过道遮栏（围栏）上悬挂"止步，高压危险！"的标示牌。

4.5.5 条规定：在室外高压设备上工作，应在工作地点四周装设围栏，……围栏上悬挂适当数量的"止步，高压危险！"的标示牌。

××年×月×日，某电业局 220kV 变电站发生一起外包单位油漆工误入带电间隔，导致 110kV 母差保护动作，跳开 110kV 副母线上所有断路器，造成 3 座 110kV 变电站失电压的事故及人员灼伤事故。

一、事故经过

××年×月×日，工区安排为 A 线路 1230 和 B 线路 1377 正母线隔离开关油漆，由外包单位××电气安装公司（民营企业）承担。经工作许可后，工作负责人对两名油漆工（为外包单位雇佣的油漆工）进行有关安全措施交底，并在履行相关手续后开始油漆工作。

13时30分左右，完成了A线路1230正母线隔离开关油漆工作后，工作监护人朱××发现A线路1230正母线隔离开关垂直拉杆拐臂处油漆未到位，要求油漆工负责人汪××在B线路1377正母线隔离开关油漆工作完成后对A线路1230正母线隔离开关垂直拉杆拐臂处进行补漆。下午14时，工作监护人朱××因要商量第二天的工作，通知油漆工负责人汪××暂停工作，然后离开作业现场。而油漆工负责人汪××、油漆工毛××为赶进度，未执行暂停工作命令，擅自进行工作，在进行补漆时跑错间隔，攀爬到与A线路1230相邻的C线路1229间隔的正母线隔离开关上。当攀爬到距地面2m左右时，C线路1229正母线隔离开关A相对油漆工毛××放电，毛××被电弧灼伤，顺梯子滑落。

14时05分110kV母差保护动作，跳开110kV副母线上所有隔离开关，造成由××变电站供电的3座110kV变电站失电压，损失负荷12.2万kW（占该地区负荷的3.4%）。14时50分，恢复全部停电负荷。

二、事故原因

（1）油漆工毛××安全意识淡薄，不遵守现场作业的各项安全规程、规定，不听从工作监护人命令，擅自工作，误入带电间隔，是本起事故发生的主要原因。

（2）工作监护人朱××监护工作不到位，在油漆工作未全部完成的情况下，去做其他与监护工作无关的事情，将两个油漆工滞留在带电设备的现场，造成其失去监护，是本起事故发生的直接原因。

（3）施工单位对作业人员安全教育不全面、不到位，现场管理不严格，是导致本起事故发生的另一重要原因。

三、防范措施

（1）进一步加强对外包队伍的资质审查，特别是加强对外包队伍负责人的能力审查，严把民工、外包工、临时工作业人员进场的"准入关"。

（2）加强对外包作业人员安全意识教育，特别是对在带电设备附近、高处、起重等高风险作业场所作业的民工、外包工、临时工作业人员，要认真进行安全教育，经过严格考试合格后，方能参加相关作业，以进一步提高该类作业人员的自我保护意识和自我保护能力。

（3）各作业现场工作负责人（监护人）必须切实负起安全责任，加强作业现场的安全监督和管理，特别是要加强对民工、外包工、临时工的监督、指导，确保工作全过程在有效监护下进行，防止该类作业人员在失去监护的情况下进入或滞留在危险作业场所，坚决制止以包代管的情况发生。

（4）各级调度部门对母线、母差保护、主变压器、主干线等重要输变电设施的检修工作，必须认真、细致、全面地做好危险点分析和预控工作，科学合理地安排系统运行方式，落实各项反事故预案，防止电网大面积停电事故发生。

（5）各检修单位在作业现场必须认真执行各项现场安全管理规程、规定和制度，严格遵守作业规范，特别是对母线、母差保护、主变压器、线路高空作业等检修工作的安全措施必须做到细致、严密、到位，防止各类人身和设备事故的发生。各级运行人员要严格执行"两票三制"和"六要八步"（六要：①要有明显的设备名称标识；②要有与现场一次设备和实际运行方式相符的一次系统模拟图；③要有现场运行规程、典型操作票和统一的调度操作术语；④要有确切的操作指令和合格的操作票；⑤要有合格、齐备的劳动防护用品、安全工器具和安全设施；⑥要有完善的"五防"装置。八步：①按调度预先下达的操作指令正确填写操作票；②审票并预演正确；③开展危险点分析，制定风险预控措施；④接受操作指令，记录发令人和发令时间；⑤检查核对设备命名、编号和状态；⑥按操作票逐项唱票、复诵、监护、操作，确认设备状态变位并按要求打钩和注明时间；⑦向调度汇报操作结束及时间；⑧做好记录，并使系统模拟图与设备状态一致，然后销操作票。）操作规范，防止各类误操作事故的发生。

（6）各单位要结合作业现场实际，对每项工作和每个作业点进行危险点分析，认真查找所有可能导致人身、设备事故的危险因素，制定有针对性的预控措施，要坚决防止危险点分析和预控走过场、流于形式。

（7）加大对作业现场的反违章稽查力度，发现违章现象必须立即制止，并按照省公司关于违章记分的规定进行考核。对一时不能整改而又危及人身和设备安全的问题，必须立即停止作业，待完成整改后方可开始继续进行作业。

第六部分

物体打击事故

××年×月×日，××供电公司进行220kV线路更换绝缘子工作，在采用无极绳传递绝缘子时，白棕绳结头松脱，绝缘子从18m高处坠落，将铁塔下过往工作人员的安全帽砸烂，使其头部受重伤，在送往医院的途中死亡。

案例 ①

白棕绳结头松脱绝缘子坠落　头部受重伤不幸死亡

学 规 程

《国家电网公司电力安全工作规程（线路部分）》

7.13 条规定：在进行高处作业时，不准他人在工作地点的下面通行或逗留，工作地点下面应有围栏或装设其他保护装置，防止落物伤人。

8.1.7 条规定：起吊物件应绑扎牢固。

8.1.8 条规定：在起吊、牵引过程中，受力钢丝绳的周围、上下方和起吊物的下面，禁止有人逗留和通过。

2.3.11.2 条规定：工作票负责人工作前对工作班成员进行危险点告知，交代安全措施和技术措施；督促、监护工作班成员遵守本规程。

2.3.11.5 条规定：工作班成员应严格遵守安全规章制度、技术规程和劳动纪律，对自己在工作中的行为负责。

一、事故经过

　　××年×月×日，××供电公司对××220kV线路进行检修，33号铁塔更换绝缘子工作由梅××担任组长，塔上工作人员有王××、魏××、殷××，地面工作人员有任××、熊××及5名临时工。在办好工作票、接到许可工作的命令后，于上午 9 时左右开始工作。

10 时 30 分左右，塔上工作人员王××采用常规方法将直径 15mm 的白棕绳两端打好结头形成无极绳圈，由殷××将拟更换的旧绝缘子串（8 片，重约 37kg）绑扎好。同时，塔下地面工作人员熊××将由 7 片防污型绝缘子组成的新绝缘子串（重约 38kg）也绑扎好，采用循环吊的方式将旧绝缘子放下、新绝缘子吊上。

当新绝缘子串上升至接近铁塔下横担（距地面约 18m）时，地面工作人员熊××从新绝缘子串下方通过，此时白棕绳结头松脱，新绝缘子串从高处坠落，击中熊××的头部，将其安全帽砸烂，使其头部受重伤，在送往医院的途中死亡。

二、事故原因

（1）熊××违反《国家电网公司电力安全工作规程（线路部分）》7.13 条和 8.1.8 条的规定，在吊装绝缘子串的过程中，从起吊物的下方通过。

（2）工作负责人监护不到位，没有及时制止熊××的不安全行为。

（3）作业当天有雨，起吊用的白棕绳受潮变硬，导致白棕绳的结头在起吊过程中突然松脱，造成绝缘子串从高处坠落。

（4）施工人员在制作无极绳圈时，对白棕绳受潮变硬的状况没有引起足够的重视和警觉，缺乏相应的工作经验和严谨的工作作风，没有采取防止白棕绳结头松脱的措施（例如采用细铁丝将结头绑扎固定）。

（5）现场施工人员的安全意识淡薄，安全思想教育不到位；现场管理混乱，安全监护不力；施工人员自我保护意识差，不能有效控制起吊物下方有人通过。

三、防范措施

（1）立即将此次事故通报系统各单位，深刻吸取事故教训，剖析事故根源，结合本单位实际，开展安全大检查；组织安全生产大讨论，重点查找各种形式的违章行为，制定整改措施，提高对违章行为的查处力度。

（2）加强安全教育，深入开展安全知识培训和业务技术培训，增强安全意识。重点开展《国家电网公司电力安全工作规程（线路部分）》的学习和考试，自觉遵守，做到"三不伤害"。

（3）提高现场作业人员的安全意识，工作负责人、专责监护人要对工作班人员的安全进行认真监护，及时纠正不安全行为。工作班成员应严格遵守安全规章制度、技术规程和劳动纪律，对自己在工作中的行为负责。

（4）提高现场作业人员的自保、互保能力，自觉加强安全防护，保证自身和他人安全。

（5）施工人员在杆塔上作业，其下方禁止有人逗留和通过，防止意外发生。

××年×月×日，××供电公司在 10kV 线路改造施工中，收线时绳索突然拉断，导线、绝缘子坠落，击中行人头部，造成其脑挫裂伤、开放性颅脑损伤、急性硬膜外血肿。

案例 ②

收线时绳索突然拉断 造成行人头部受重伤

✚ 学 规 程

《国家电网公司电力安全工作规程（线路部分）》

6.4.1 条规定：放线、紧线与撤线工作均应有专人指挥，统一信号，并做到通信畅通，加强监护。工作前应检查放线、紧线与撤线工具及设备是否良好。

8.1.9 条规定：起重设备、吊索具和其他起重工具的工作负荷，不准超过铭牌规定。

6.1.5 条规定：在居民区及交通道路附近施工，应设可靠遮栏，加挂警告标示牌。

一、事故经过

××年×月×日，××供电公司对××10kV 线路进行改造，按照计划，1～3 号杆更换电杆和高、低压导线，是在道路人行道上进行作业。在未采取设置安全围栏和悬挂标示牌等安全措施的情况下，小组负责人杨××即通知在 2 号杆上工作的王××开始收紧低压导线（截面积 120mm²）。

在收线过程中，白棕绳（截面积 150mm²）在距杆 1.8m 处突然被拉断，导线及所连的绝缘子（XP-7）由断点向对侧呈弧形坠落。此时有两人开车过来，将汽车停放在 2 号杆对面的道路上，其中一人陈××在无人阻拦的情况下，突然翻越交通隔离栏杆进入工作区域，坠落的绝缘子击中陈××头部左侧后脑，造成其脑挫裂伤、左顶颞部开放性颅脑损伤、右颞部急性硬膜外血肿。

二、事故原因

（1）工作负责人违反《国家电网公司电力安全工作规程（线路部分）》6.4.1条、8.1.9条规定，没有检查工器具及设备是否合格，就盲目开始收线工作。所采用的白棕绳太细。

（2）现场安全管理混乱，违反《国家电网公司电力安全工作规程（线路部分）》6.1.5条规定，没有在事故场所设置围栏、悬挂标示牌，没有设专人持信号旗看守，致使陈××在无人阻拦的情况下进入工作区域，为事故的发生留下重大安全隐患。

（3）施工单位对职工的安全教育和专业技术培训不到位，现场人员安全意识淡薄，习惯性违章严重，缺乏相应的工作经验和专业技术技能，对白棕绳的性能参数缺乏应有的了解，盲目冒险作业。

（4）陈××安全意识淡薄，缺乏自我保护意识，盲目进入施工现场。

三、防范措施

（1）将事故通报系统各单位，组织安全大讨论，查找违章作业行为，提高安全防范能力。严格执行《国家电网公司电力安全工作规程（线路部分）》，提高执行《国家电网公司电力安全工作规程（线路部分）》的自觉性。

（2）按照"三不放过"的原则，认真组织事故调查，深刻分析事故原因，吸取事故教训，严肃处理和教育责任人，杜绝类似事故再次发生。

（3）认真、扎实开展反违章活动，通过组织对国家电网公司系统近年来各种事故案例的学习，使大家深刻认识违章的危害性和反违章的重要性和紧迫性，提高员工反违章的自觉性和主动性，养成自觉遵章守规的良好习惯，减少、杜绝各类事故的发生。

（4）强化全员安全教育和技能培训，提高工作人员的安全意识和安全防范能力，增强业务技能水平，增强现场工作人员的安全保护意识，养成良好的安全作业习惯。

（5）在居民区及交通道路附近施工，应设可靠遮栏，加挂警告标示牌，还要安排专人持信号旗看守，防止非施工人员进入作业现场。

第七部分

接地跳闸事故

> 在导线展放过程中，导线突然弹起，造成跨越其上的 110kV 线路接地跳闸。

施放导线突然弹起　线路跳闸只因接地

✛ 学规程

《国家电网公司电力安全工作规程（线路部分）》

5.3.9 条规定：放线或撤线、紧线时，应采取措施防止导线或架空地线由于摆（跳）动或其他原因而与带电导线接近至危险距离以内。

2.2.2 条规定：现场勘察应查看现场施工（检修）作业需要停电的范围、保留的带电部位和作业现场的条件、环境及其他危险点等。

2.5.3 条规定：工作期间，工作负责人若因故暂时离开工作现场时，应指定能胜任的人员代替，离开前应将工作现场交代清楚，并告知全体工作人员及工作许可人。原、现工作负责人应做好必要的交接。

> ××年×月××日9时许，某供电分局供电所进行××台区 0.4kV 线路换线施工作业，在导线展放过程中，导线突然弹起，与 110kV 导线之间形成放电，造成 110kV 线路接地跳闸事故。

一、事故经过和调查分析

××年×月××日，某供电分局供电所工作人员在所长张××（工作负责人）的带领下，按照"户户通电"工程计划对××台区进行 0.4kV 线路换线工作，由 LGJ-50 更换为 JKLGYJ-70/1kV 型导线，该线路穿越 110kV××线。换线施工采用老线带新线的方法进行，线盘放在线路末端 11 号电杆处，由机动三轮车从 1 号电杆处拉线。

9 时 39 分，在进行北边导线的展放过程中，新导线突然弹起，与 110kV××线 7～8 号杆之间导线形成放电，造成 110kVⅡ××线跳闸，重合闸成功。

事故发生后，经现场调查发现，110kVⅡ××线 7～8 号杆之间的西边相（A 相）有放电痕迹。施工地点处于 110kVⅡ××线下方，经技术测量 110kVⅡ××线 7～8 号杆之间弧垂最低处对地距离为 6.7m，0.4kV 横担地距离为 6m，该处本身存在安全隐患，线路正常运行时 0.4kV 线路采用放大弧垂的办法保持安全距离。询问现场施工人员，事发时工作负责人不在工作现场，现场未见到标准化作业书和危险点分析记录，未见到与施工相关的提示性标牌，没有现场安全措施交代录音等。

二、事故原因

（1）施工中采用老线带新线的施工方法是很成熟的施工工艺，工作班成员都十分清楚该工艺的流程。但在本次工作中，工作班成员在没有放线滑轮的情况下，不调整施工方法而是将导线放在横担上硬性摩擦导致导线受力严重不均匀，加上用三轮车拉线速度过快，在接头处导线发生挂拌的情况下，发生导线弹跳现象。

（2）现场缺少安全监督。在"户户通电"工程已经进入攻坚阶段，各个供电所都有施工任务的情况下，供电分局各级专职、兼职安全员没有很好地深入一线进行安全监督，开展反违章工作。

三、事故暴露出的问题

（1）现场勘查制度落实不严格，危险点分析不到位。在施工中，工作负责人违反《国家电网公司电力安全工作规程（线路部分）》2.2.2 条关于现场勘查制度的要求，对工作现场没有进行细致的勘查，没有进行危险点分析，没有将 0.4kV 线路与 110kV 线路之间安全距离不足的问题列入危险源，对于在导线展放过程中可能引起导线弹跳及严重后果考虑不足。在 110、220kV 线路下施工，违反《国家电网公司电力安全工作规程（线路部分）》5.3.9 条的规定，未采取必要的安全（防弹）措施。

（2）工作现场安全管理不规范。违反《国家电网公司电力安全工作规程（线路部分）》2.5.3 条的规定，工作负责人工作期间因故长时间离开工作现场，却没有履行变更手续，没有指定现场负责人，致使工作现场出现无人负责的严重违章现象。

（3）工程设计存在缺陷。根据公司"户户通电"工程管理规定，"户户通电"工程由各供电所进行初步设计，农网改造办公室负责把关审核。农网改造办公室在审核过程中没有及时发现并纠正这一严重违反设计规程的现象。

（4）此类工作发生事故时，有可能引发严重的作业人员群伤群亡的重大事故。

（5）公司对 0.4kV 系统的施工工作还缺乏管理办法。

四、防范措施

（1）严格现场勘查制度，做好危险点分析。进行线路施工作业应严格按照规程要求，执行现场勘查制度，根据现场的作业条件、作业环境认真分析其危险点所在，尤其对危险性、复杂性和困难程度较大的作业项目，要编制"三措"并经相关领导批准。

（2）农网改造办公室要对各供电所设计的"户户通电"工程图纸或设计方案进行严格审核，从设计源头上杜绝此类现象的发生。

（3）加大对"三工"的管理力度。对"三工"人员要进行安全和技能培训，考试合格后方能进行作业。

（4）为了施工安全，应配备必要的施工器具（如放线滑轮等），以满足工程需要。在放线或撤线、紧线时，对于可能引起导线弹跳的接头等部位应加强看管，采取措施，防止导线弹跳。

（5）对于存在的安全距离不足的隐患，应根据实际情况采取相应措施彻底消除，如采用双横担进行局部低跨等。

（6）将电力线路与其他线路的交叉跨越情况逐一进行清理，做到举一反三，防患未然。同输电线路交叉的要将情况通报运检部门，共同研究施工方案，确保输电线路安全。

（7）运检部门要加大巡线力度。对其他单位线下施工有可能威胁到输配电系统安全的问题，要做到及时知道、及时制止、及时采取措施。

（8）加强 0.4kV 线路的管理，将 0.4kV 线路的管理纳入部门正常生产管理。

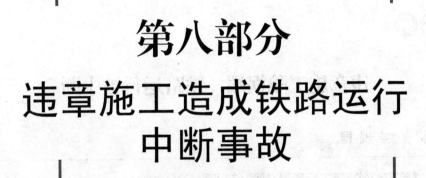

第八部分
违章施工造成铁路运行中断事故

> ⚠ 不按经审批的施工方案组织施工，导致导、地线坠落，使电气化铁路供电中断，造成铁路停运 1 个多小时。

案例

违章施工酿祸端　铁路运行被中断

✦ 学规程

《国家电网公司电力安全工作规程（线路部分）》

6.4.2 条规定：交叉跨越各种线路、铁路、公路、河流等放、撤线时，应先取得主管部门同意，做好安全措施，如搭好可靠的跨越架、封航、封路、在路口设专人持信号旗看守等。

6.4.5 条规定：紧线、撤线前，应检查拉线、桩锚及杆塔。必要时，应加固桩锚或加设临时拉绳。

> ××年×月×日 14 时 5 分，由某省电力安装工程公司承建的 ±500kV××直流输电线路抗冰技改工程 1631～1632 号铁塔导、地线坠落，使电气化铁路供电中断，造成铁路停运 1h 17min，影响 14 趟列车正常运行。

一、事故简要经过

事故发生前，1622～1638 号铁塔间的新塔均已组立完毕，1628～1631 号铁塔小号侧的导线于 3 月 7 日拆除完毕，1631～1632 号铁塔导、地线跨越电气化铁路，因搭设跨越架一事铁路部门审批手续没有下来，因此该段导、地线是在 1631 号铁塔小号侧和 1632 号铁塔大号侧用过轮临锚直接锚固在原铁塔冰灾后的加强拉线的地锚上，临锚锚绳的对地夹角分别为 30°8′、24°37′。

××年×月×日 14 时 5 分，因 1631 号铁塔左侧过轮临锚拉盘损坏，锚杆被拉出，导致左侧导线向大号方向跑线，将电气化铁路 10kV 贯通线和 10kV 自闭线打断，导、地线落在电气化铁路的接触线上，导致电气化铁路停运。15 时 22 分，将左相 4 根 LGJ-720/50 型导线和一根 GJ-80 型地线开断并拖离至安全区，抢修完毕。

二、事故原因

1. 直接原因

（1）引起本次事故的直接原因是 1631 号铁塔小号侧左相导、地线跑线，跑线的直接原因是临锚拉盘制造质量不良，拉盘拉环被拉出。跑线左相导、地线下落过程中将电气化铁路 10kV 贯通线和 10kV 自闭线打断，并落在电气化铁路的接触线上，导致电气化铁路停运。

（2）1632 号铁塔倒塌的原因：①1631 号铁塔左侧导、地线跑线，过轮临锚码线器卡在滑车上，使得 1632 号铁塔受到跑线的冲击倒塌；②1632 号铁塔在 2008 年冰灾期间受损，部分铁塔主材存在裂纹，铁塔强度不能满足原设计要求而经受不住冲击，从倒塔的主材断面可以清晰看到锈蚀断口。

2. 间接原因

（1）未按经审批的施工方案施工，造成地锚承受的上拔力及铁塔的下压力增大，是 1632 号铁塔倒塌的原因之一。1631、1632 号铁塔临锚均利用原铁塔塔身补强地锚做拉线基础（未按《拆旧施工方案》中"过轮临锚绳每极导线采用两个 10t 地锚"的规定），经实测和计算，事故前过轮临锚对地夹角分别为 30°8′、24°37′，均超出《拆旧施工方案》中"临锚绳对地夹角不得大于 20°"的规定。

（2）施工单位于 2 月 15 日开始到××铁路集团公司办理跨越手续，一直没有办妥，3 月 4 日私自搭设好 1631 号铁塔侧铁路跨越架。3 月 5 日准备搭设 1632 号铁塔侧跨越架时，铁路工务段认为跨越手续未办妥，不准搭设跨越架，造成事故发生后，使导、地线直接掉落在铁路接触线上引发其短路和铁路停运。

三、事故暴露出的问题

（1）对重要承力设施管理不到位，现场制作的地锚拉盘质量不良。

（2）施工单位不按经审批的施工方案组织施工，执行技术纪律不严肃，存在管理松散现象。

（3）现场安全措施考虑不周。对重要跨越，在现场铁路跨越架只搭设了一边的情况下，虽然没有直接进行工作，但却进行了部分相关工作，如将1631～1630号铁塔侧开断，将导线固定在临锚上等。

（4）监理对重要施工方案的审查把关不严，对重要施工地段现场监理不到位。

四、防范措施

（1）将事故情况通报公司系统各单位、所有工地和全体施工人员，针对此次事故暴露出的问题，停工整顿一天，开展学习讨论，查找事故根源，制定整改措施。

（2）在公司范围内开展查违章、查隐患的自查整改行动。查安全技术措施、特殊施工技术措施的制定、审核及执行情况；查危险点分析、安全技术交底；查安全教育培训实施情况和特殊工种持证上岗情况；查人员配备、人员素质是否满足施工需要；查机械设备是否安全可靠并满足施工要求；查施工技术是否落实到位；查危险源辨识与控制措施是否符合工程实际情况等。

（3）全面开展安全隐患排查活动，举一反三查找施工中类似的管理性、行为性和装置性违章，严格控制施工过程，杜绝事故发生。

（4）今后所有对重要跨越特别是跨越铁路、高速公路、重要航道等，必须制定特殊施工技术措施并经有关部门批准后严格执行，相关部门要派专人到现场进行监督把关。

（5）每次作业必须认真结合现场实际查找风险和危害因素，并制定切实可行的防范措施。同时严格执行标准化施工作业制度，每天开工前都要认真交代现场安全施工作业中的风险和控制措施，并严格监督执行，确保安全施工。

（6）加强对现场的安全文明管理，严格按照国家电网公司和省公司有关安全文明施工要求组织施工。同时加强对外来施工队和"三工"人员的管理，严格资质审核和监督管理，凡不符合要求或者出现严重违章行为者，坚决予以清退。

（7）监理要切实履行施工安全监理职责，加大重大特殊方案措施执行监督力度，确保对重要及危险作业监督到位。

（8）±500kV××直流防倒塔加强工程已进入雷雨施工季节，加之工期紧、施工难度大，在下阶段的放、紧线施工中，应严格按"三措"要求做好防雷、防触电、防高坠、防倒塔的应急预案，并按要求进行演练和实施。

附录A 标示牌式样

名　　称	悬挂处	式　　样		
		尺寸（mm×mm）	颜色	字样
禁止合闸，有人工作！	一经合闸即可送电到施工设备的断路器和隔离开关操作把手上	200×160 80×65	白底，红色圆形斜杠，黑色禁止标志符号	黑字
禁止合闸，线路有人工作！	线路断路器和隔离开关把手上	200×160 80×65	白底，红色圆形斜杠，黑色禁止标志符号	黑字
禁止分闸！	接地开关与检修设备之间的断路器操作把手上	200×160 80×65	白底，红色圆形斜杠，黑色禁止标志符号	黑字
在此工作！	工作地点或检修设备上	250×250 80×80	衬底为绿色，中有直径200mm 和 65mm 的白圆圈	黑字，写于白圆圈中
止步，高压危险！	施工地点临近带电设备的遮栏上；室外工作地点的围栏上；禁止通行的过道上；高压试验地点；室外构架上；工作地点临近带电设备的横梁上	300×240 200×160	白底，黑色正三角形及标志符号，衬底为黄色	黑字
从此上下！	工作人员可以上下的铁架、爬梯上	250×250	衬底为绿色，中有直径200mm 白圆圈	黑字，写于白圆圈中
从此进出！	室外工作地点围栏的出入口处	250×250	衬底为绿色，中有直径200mm 白圆圈	黑体黑字，写于白圆圈中
禁止攀登，高压危险！	高压配电装置构架的爬梯上，变压器、电抗器等设备的爬梯上	500×400 200×160	白底，红色圆形斜杠，黑色禁止标志符号	黑字

注　在计算机显示屏上一经合闸即可送电到工作地点的断路器和隔离开关的操作把手处所设置的"禁止合闸，有人工作！""禁止合闸，线路有人工作！""禁止合闸"的标记可参照表中有关标示牌的式样。

附录 B　绝缘安全工器具试验项目、周期和要求

序号	器具	项目	周期	要　　求				说明
1	电容型验电器	(1)启动电压试验	1年	启动电压值不高于额定电压的 40%，不低于额定电压的 15%				试验时接触电极应与试验电极相接触
		(2)工频耐压试验	1年	额定电压(kV)	试验长度(m)	工频耐压（kV）		—
						1min	5min	
				10	0.7	45	—	
				35	0.9	95	—	
				63（66）	1.0	175	—	
				110	1.3	220	—	
				220	2.1	440	—	
				330	3.2	—	380	
				500	4.1	—	580	
2	携带型短路接地线	(1)成组直流电阻试验	不超过5年	在各接线鼻之间测量直流电阻，对于 25、35、50、70、95、120mm² 的各种截面，平均每米的电阻值应分别小于 0.79、0.56、0.40、0.28、0.21、0.16mΩ				同一批次抽测不少于两条，接线鼻与软导线压接的应做该试验
		(2)操作棒的工频耐压试验	5年	额定电压（kV）	试验长度（m）	工频耐压（kV）		试验电压加在护环与紧固头之间
						1min	5min	
				10	—	45	—	
				35	—	95	—	
				63（66）	—	175	—	
				110	—	220	—	
				220	—	440	—	
				330	—	—	380	
				500	—	—	580	
3	个人保安线	成组直流电阻试验	不超过5年	在各接线鼻之间测量直流电阻，对于 10、16、25mm² 的各种截面，平均每米的电阻值应分别小于 1.98、1.24、0.79mΩ				同一批次抽测不少于两条

续表

序号	器具	项目	周期	要 求					说明
4	绝缘杆	工频耐压试验	1年	额定电压（kV）	试验长度（m）	工频耐压（kV）			—
						1min	5min		
				10	0.7	45	—		
				35	0.9	95	—		
				63	1.0	175	—		
				110	1.3	220	—		
				220	2.1	440	—		
				330	3.2	—	380		
				500	4.1	—	580		
5	核相器	（1）连接导线绝缘强度试验	必要时	额定电压（kV）	工频耐压（kV）	持续时间（min）			浸在电阻率小于100Ω·m的水中
				10	8	5			
				35	28	5			
		（2）绝缘部分工频耐压试验	1年	额定电压（kV）	试验长度（m）	工频耐压（kV）	持续时间（min）		—
				10	0.7	45	1		
				35	0.9	95	1		
		（3）电阻管泄漏电流试验	半年	额定电压（kV）	工频耐压（kV）	持续时间（min）	泄漏电流（mA）		
				10	10	1	≤2		
				35	35	1	≤2		
		（4）动作电压试验	1年	最低动作电压应达0.25倍额定电压					
6	绝缘罩	工频耐压试验	1年	额定电压（kV）	工频耐压（kV）	时间（min）			—
				6～10	30	1			
				35	80	1			
7	绝缘隔板	（1）表面工频耐压试验	1年	额定电压（kV）	工频耐压（kV）	持续时间（min）			电极间距离300mm
				6～35	60	1			
		（2）工频耐压试验	1年	额定电压（kV）	工频耐压（kV）	持续时间（min）			
				6～10	30	1			
				35	80	1			

附录B

绝缘安全工器具试验项目、周期和要求

序号	器具	项目	周期	要　　求			说明
8	绝缘胶垫	工频耐压试验	1年	电压等级	工频耐压（kV）	持续时间（min）	使用于带电设备区域
				高压	15	1	
				低压	3.5	1	
9	绝缘靴	工频耐压试验	半年	工频耐压（kV）	持续时间（min）	泄漏电流（mA）	—
				15	1	≤7.5	
10	绝缘手套	工频耐压试验	半年	电压等级	工频耐压（kV）　持续时间（min）	泄漏电流（mA）	—
				高压	8　　　　1	≤9	
				低压	2.5　　　1	≤2.5	
11	导电鞋	直流电阻试验	穿用不超过200h	电阻值小于100kΩ			符合GB 21146—2007《个体防护装备职业鞋》的规定
12	绝缘夹钳	工频耐压试验	1年	额定电压（kV）　试验长度（m）	工频耐压（kV）	持续时间（min）	—
				10　　　　0.7	45	1	
				35　　　　0.9	95	1	
13	绝缘绳	高压	每6个月1次	105kV/0.5m			—

注 绝缘安全工器具的试验方法参照 DL/T 1476—2015《电力安全工器具预防性试验规程》的相关内容。

附录C 带电作业高架绝缘斗臂车电气试验标准表

电压等级（kV）	试验部件	试验项目、标准					备注
		交接试验		预防性试验			
		工频耐压	泄漏电流	工频耐压	泄漏电流	沿面放电	
各级电压	单层作业	50kV 1min	—	45kV 1min	—	—	斗浸水中，高出水面200mm
	作业斗内斗	50kV 1min	—	45kV 1min	—	—	
	作业斗外斗	20kV 1min	—	—	0.4m 20kV ≤0.2mA	0.4m 45kV 1min	泄漏电流试验为沿面试验
	液压油	油杯：2.5mm电极，6次试验平均击穿电压不小于20kV，任一单独击穿电压不小于10kV					更换、添加的液压油应经试验合格
10	上臂（主臂）	0.4m 50kV 1min	—	0.4m 45kV 1min	—	—	耐压试验为整车试验，但在绝缘臂上应增设试验电极
	下壁（套筒）	50kV 1min	—	45kV 1min	—	—	
	整车	—	1.0m 20kV ≤0.5mA	—	1.0m 20kV ≤0.5mA	—	在绝缘臂上增设试验电极
35	上臂（主臂）	0.6m 105kV 1min	—	0.6m 95kV 1min	—	—	耐压试验为整车试验，但在绝缘臂上应增设试验电极
	下臂（套筒）	50kV 1min	—	45kV 1min	—	—	
	整车	—	1.5m 70kV ≤0.5mA	—	1.5m 70kV ≤0.5mA	—	在绝缘臂上增设试验电极

续表

电压等级（kV）	试验部件	试验项目、标准					备注
		交接试验		预防性试验			
		工频耐压	泄漏电流	工频耐压	泄漏电流	沿面放电	
63	上臂（主臂）	0.7m 175kV 1min	—	0.7m 175kV 1min	—	—	耐压试验为整车试验，但在绝缘臂上应增设试验电极
	下臂（套筒）	50kV 1min		45kV 1min			
	整车	—	1.5m 70kV ≤0.5mA	—	1.5m 70kV ≤0.5mA	—	在绝缘臂上增设试验电极，同时核对泄漏电流表
110	上臂（主臂）	1.0m 250kV 1min		1.0m 220kV 1min			耐压试验为整车试验，但在绝缘臂上应增设试验电极
	下臂（套筒）	50kV 1min		45kV 1min			
	整车	—	2.0m 126kV ≤0.5mA	—	2.0m 126kV ≤0.5mA		在绝缘臂上增设试验电极，同时核对泄漏电流表
220	上臂（主臂）	1.8m 450kV 1min		1.8m 440kV 1min			耐压试验为整车试验，但在绝缘臂上应增设试验电极
	下臂（套筒）	50kV 1min		45kV 1min			
	整车	—	3.0m 252kV ≤0.5mA	—	3.0m 252kV ≤0.5mA		在绝缘臂上增设试验电极，同时核对泄漏电流表

附录 D 登高工器具试验标准表

序号	名称	项目	周期	要　　求			说明
1	安全带	静负荷试验	1 年	种类	试验静拉力（N）	载荷时间（min）	牛皮带试验周期为 0.5 年
				围杆带	2205	5	
				围杆绳	2205	5	
				护腰带	1470	5	
				安全绳	2205	5	
2	安全帽	冲击性能试验	按规定期限	冲击力小于 4900N			使用期限：从制造之日起，塑料帽不长于 2.5 年，玻璃钢帽不长于 3.5 年
		耐穿刺性能试验	按规定期限	钢锥不接触头模表面			
3	脚扣	静负荷试验	1 年	施加 1176N 静压力，持续时间 5min			—
4	升降板	静负荷试验	0.5 年	施加 2205N 静压力，持续时间 5min			—
5	竹（木）梯	静负荷试验	0.5 年	施加 1765N 静压力，持续时间 5min			—
6	防坠自锁器	静负荷试验	1 年	施加 7500N 静负荷，持续时间 5min			—
		冲击试验	1 年	安全带与悬挂物处于同一水平位置，自由落体荷载 980N，锁止距离应不超过 0.2m			
7	缓冲器	冲击试验	2 年抽检	悬挂 980N 荷载自由落体冲击行程 4m，挂点冲击力应不超过 8825N			—
8	速差自控器	使用前检查	—	将速差自控器上端悬挂在作业点上方，将自控器内绳索和安全带上半圆环连接，可任意将绳索拉出，在一定位置作业。工作完毕后，人向上移动，绳索自行收回自控器内，坠落时自控器受速度影响制动控制			标准来自于 GB 6096—2009《安全带检验方法》3.3 条
		冲击试验	1 年	拉出绳长 0.8m，安全带与悬挂物处于同一水平位置，自由落体荷载 980N 模拟人，要求模拟人坠落下滑距离不超过 1.2m			

注　1. 安全帽在使用期满后，经抽查合格后该批方可继续使用，以后每年抽验一次。
　　2. 登高工器具的试验方法参照 DL/T 1476—2005《电力安全工器具预防性试验规程》的相关内容。

附录 E 常用起重设备检查和
试验的周期及要求

序号	名称	检查与试验的要求		周期
1	白棕绳纤维绳	检查	绳子光滑、干燥，无磨损现象	1月
		试验	以2倍允许荷重进行10min的静力试验，不应有断裂和显著的局部延伸现象	1年
2	钢丝绳（起重用）	检查	（1）绳扣可靠，无松动现象。 （2）钢丝绳无严重磨损现象。 （3）钢丝绳断丝数在规程规定的限度内	1月
		试验	以2倍允许荷重进行10min的静力试验，不应有断裂及显著的局部延伸现象	1年
3	合成纤维吊装带	检查	吊装带外部护套无破损，内芯无断裂	每月检查1次，每年试验1次
		试验	以2倍容许工作荷重进行12min的静力试验，不应有断裂现象	
4	铁链	检查	（1）链节无严重锈蚀，无严重磨损，链节磨损达原直径10%的应报废。 （2）链节应无裂纹，发生裂纹应报废	1月
		试验	以2倍容许工作荷重进行10min的静力试验，链条不应有断裂、显著的局部延伸及个别链节拉长等现象，塑性变形达原长度的5%时应报废	1年
5	链条葫芦	检查	（1）链节无严重锈蚀，无裂纹，无打滑现象。 （2）齿轮完整，轮轴无磨损现象，开口销完整。 （3）撑牙灵活，能起刹车作用。 （4）撑牙平面的垫片有足够厚度，加荷重后不会打滑。 （5）吊钩无裂纹、无变形。 （6）润滑油充分	1月
		试验	（1）新装或大修的，以1.25倍允许荷重进行10min的静力试验后，再以1.1倍允许荷重做动力试验，制动性能良好，链条无拉长现象。 （2）一般的定期试验，以1.1倍允许荷重进行10min的静力试验	1年

续表

序号	名称	检查与试验的要求		周期
6	滑轮	检查	（1）滑轮完整无裂纹，转动灵活。 （2）滑轮轴无磨损现象，开口销完整。 （3）吊钩无裂纹、变形。 （4）润滑油充分。	1月
		试验	（1）新装或大修的，以 1.25 倍允许荷重进行 10min 的静力试验后，再以 1.1 倍允许荷重做动负荷试验，无裂纹。 （2）一般的定期试验，以 1.1 倍允许荷重进行 10min 的静力试验。 （3）磨损测量：轮槽壁厚磨损达原尺寸的 20%，轮槽不均匀磨损达 3mm 以上，轮槽底部直径减少量达钢丝绳直径 50%的，应予以报废	1年
7	绳卡、卸扣等	检查	丝扣良好，表面无裂纹	1月
		试验	以 2 倍允许荷重进行 10min 的静力试验	1年
8	吊钩	检查	（1）无裂纹或显著变形。 （2）无严重腐蚀、磨损现象。 （3）防脱钩装置完好。 （4）润滑油充分，转动灵活	1月
		试验	（1）以 1.25 倍容许工作荷重进行 10min 的静力试验，用 20 倍放大镜或其他方法检查，不应有残余变形、裂纹及裂口。 （2）磨损及变形测量。出现下述情况之一时，应予以报废： 1）危险断面磨损达原尺寸的 10%。 2）开口度比原尺寸增加 15%。 3）扭转变形超过 10°。 4）危险断面或吊钩颈部产生塑性变形	1年
9	千斤顶	检查	（1）顶重头形状能防止物件的滑动。 （2）螺旋或齿条千斤顶防止螺杆或齿条脱离丝扣的装置良好。 （3）螺纹磨损率不超过 20%。 （4）螺旋千斤顶自动制动功能良好	1月
		试验	（1）新安装的或经过大修的，以 1.25 倍容许工作荷重进行 10min 的静力试验后，以 1.1 倍容许工作荷重作动力试验，结果不应有裂纹及显著局部延伸现象。 （2）一般的定期试验，以 1.1 倍容许工作荷重进行 10min 的静力试验	1年

续表

序号	名称		检查与试验的要求	周期
10	电动及机动卷扬机	检查	（1）齿轮箱完整，润滑良好。 （2）吊杆灵活，连接处的螺钉无松动或残缺。 （3）钢丝绳无严重磨损现象，断丝数在规定范围内。 （4）吊钩无裂纹、变形。 （5）滑轮杆无磨损现象。 （6）滚筒突缘高度至少比最外层钢丝绳表面高出该绳直径的 2 倍；吊钩放至最低时，滚筒上的钢丝绳至少剩 5 圈，绳头固定良好。 （7）机械传动部分的防护罩完整，开关及电动机外壳接地良好。 （8）卷扬限制器在吊钩升起距起重构架 300mm 时，吊钩会自动停止。 （9）荷重控制器动作正常。 （10）制动器灵活良好	1 月
		试验	（1）新安装或大修的，以 1.25 倍允许荷重进行 10min 的静力试验后，再以 1.1 倍允许荷重做动力试验，制动良好，钢丝绳无显著的局部延伸。 （2）一般的定期试验，以 1.1 倍允许荷重进行 10min 的静力试验	1 年
11	桥式起重机	检查	仔细检查整部起重设备及其各个部件。 （1）保险及防护装置。 1）卷扬限制器在吊钩升起距起重构架 300mm 时能使吊钩自动停止，制造厂另有规定的，应符合制造厂规定。 2）车轨末端行程限制器作用有效。 3）荷重控制器动作正常。 4）各制动器工作灵活可靠。 5）齿轮、轴上螺栓、销键、靠背轮、制动盘防护罩牢固完整。 6）电气联锁保护可靠；起重机及电动机开关外壳接地良好。 （2）起重机部件。 1）钢丝绳无严重磨损现象，断丝根数在规程规定范围以内。 2）吊钩无裂纹及变形，销子及滚珠轴承良好。 3）滚筒突缘高度至少比最外层绳索表面高出该绳索的一个直径；吊钩放在最低位置时，滚筒上至少有 5 圈绳索，绳索固定点良好。 4）齿轮箱良好，轴承无严重磨损	（1）1 年试验检查 1 次。 （2）结合大、小修进行检查

续表

序号	名称	检查与试验的要求		周期
11	桥式起重机	试验	（1）新安装的或经过大修的吊车应进行负荷试验，按下述方法进行： 1）以 100%额定工作荷重，跨中悬吊 10min，检查整个起重设备的状况和部件应无异常，并测量主梁挠曲度应不超过规定值。 2）以 125%额定工作荷重，跨中悬吊 10min，卸载后检查各部结构应无永久变形。 3）以 110%额定工作荷重，在各工作机构的全行程往复运行 3 次，检查各工作机构应工作正常。 （2）一般的定期试验以 1.1 倍许工作荷重进行 10min 的静力试验	常用的 1 年进行 1 次；不常用的每 3 年进行 1 次

注 1. 对于新的起重设备和工具，允许在设备证件发出之日起 12 个月内不重新进行试验。

2. 一切机械和设备在大修后应进行试验，而不受规定试验期限的限制。

3. 各项试验结果应做好记录。

附录 F 紧急救护法

F.1 通则

F.1.1 紧急救护的基本原则是在现场采取积极措施，保护伤员的生命，减轻伤情，减少痛苦，并根据伤情需要，迅速与医疗急救中心（医疗部门）联系救治。急救成功的关键是动作快，操作正确。任何拖延和操作错误都会导致伤员伤情加重或死亡。

F.1.2 要认真观察伤员全身情况，防止伤情恶化。发现伤员意识不清，瞳孔扩大无反应，呼吸、心跳停止时，应立即在现场就地抢救，用心肺复苏法支持呼吸和循环，对脑、心重要脏器供氧。伤员心脏停止跳动后，只有分秒必争地进行抢救，救活的可能性才较大。

F.1.3 现场工作人员都应定期接受培训，学会紧急救护法，会正确解脱电源，会心肺复苏法，会止血、会包扎、会固定，会转移搬运伤员，会处理急救外伤或中毒等。

F.1.4 生产现场和经常有人工作的场所应配备急救箱，存放急救用品，并应指定专人经常检查、补充或更换。

F.2 触电急救

F.2.1 触电急救应分秒必争，一经明确心跳、呼吸停止的，立即就地迅速用心肺复苏法进行抢救，并坚持不断地进行，同时及早与医疗急救中心（医疗部门）联系，争取医务人员接替救治。在医务人员未接替救治前，不应放弃现场抢救，更不能只根据没有呼吸或脉搏的表现，擅自判定伤员死亡，放弃抢救。只有医生有权做出伤员死亡的诊断。与医务人员接替时，应提醒医务人员在将触电者转移到医院的过程中不得间断抢救。

F.2.2 迅速脱离电源。

F.2.2.1 触电急救，首先要使触电者迅速脱离电源，越快越好。因为电流作用的时间越长，伤害越重。

F.2.2.2 脱离电源，就是要把触电者接触的那一部分带电设备的所有断路器、隔离开关或其他断路设备断开；或设法将触电者与带电设备脱离开。在脱离电源过程中，救护人员也要注意保护自身的安全。如触电者处于高处，应采取相应措施，防止该伤员脱离电源后自高处坠落形成复合伤。

F.2.2.3 低压触电可采用下列方法使触电者脱离电源：

（1）如果触电地点附近有电源开关或电源插座，可立即拉开开关或拔出插头，断开电源。但应注意到拉线开关或墙壁开关等只控制一根线的开关，有可能因安装问题只能切断中性线而没有断开电源的相线。

（2）如果触电地点附近没有电源开关或电源插座（头），可用有绝缘柄的电工钳或有干燥木柄的斧头切断电线，断开电源。

（3）当电线搭落在触电者身上或压在其身下时，可用干燥的衣服、手套、绳索、皮带、木板、木棒等绝缘物作为工具，拉开触电者或挑开电线，使触电者脱离电源。

（4）如果触电者的衣服是干燥的，又没有紧缠在身上，可以用一只手抓住其衣服，将其拉离电源。但因触电者的身体是带电的，其鞋的绝缘也可能遭到破坏，救护人不得接触触电者的皮肤，也不能抓他的鞋。

（5）若触电发生在低压带电的架空线路上或配电台架、进户线上，对可立即切断电源的，则应迅速断开电源。救护者迅速登杆或登至可靠地方，并做好自身防触电、防坠落安全措施，用带有绝缘胶柄的钢丝钳、绝缘物体或干燥不导电物体等工具使触电者脱离电源。

F.2.2.4 高压触电可采用下列方法之一使触电者脱离电源：

（1）立即通知有关供电单位或用户停电。

（2）戴上绝缘手套，穿上绝缘靴，用相应电压等级的绝缘工具按顺序拉开电源开关或熔断器。

（3）抛掷裸金属线使线路短路接地，迫使保护装置动作，断开电源。注意，抛掷金属线之前，应先将金属线的一端固定可靠接地，然后另一端系上重物抛掷，注意抛掷的一端不可触及触电者和其他人。另外，抛掷者抛出线后，要迅速离开接地的金属线 8m 以外或双腿并拢站立，防止跨步电压伤人。在抛掷短路线时，应注意防止电弧伤人或断线危及人员安全。

F.2.2.5 脱离电源后救护者应注意的事项：

（1）救护人不可直接用手、其他金属及潮湿的物体作为救护工具，而应使用适当的绝缘工具。救护人最好用一只手操作，以防自己触电。

（2）防止触电者脱离电源后可能的摔伤，特别是当触电者在高处的情况下，应考虑防止坠落的措施。即使触电者在平地，也要注意触电者倒下的方向，注意防摔。救护者也应注意救护中自身的防坠落、摔伤措施。

（3）救护者在救护过程中特别是在杆上或高处抢救伤者时，要注意自身和被救者与附近带电体之间的安全距离，防止再次触及带电设备。即使电气设备、线路电源已断开，对未做安全措施挂上接地线的设备也应视作有电设备。救护人员登高时应随身携带必要的绝缘工具和牢固的绳索等。

（4）如事故发生在夜间，应设置临时照明灯，以便于抢救，避免发生意外事故，但不能因此延误切除电源和进行急救的时间。

F.2.2.6 现场就地急救。

触电者脱离电源以后，现场救护人员应迅速对触电者的伤情进行判断，对症抢救。同时设法联系医疗急救中心（医疗部门）的医生到现场接替救治。要根据触电伤员的不同情况，采用不同的急救方法。

（1）触电者神志清醒、有意识，心脏跳动，但呼吸急促、面色苍白，或曾一度电休克但未失去知觉。此时不能用心肺复苏法抢救，应将触电者抬到空气新鲜、通风良好的地方躺下，安静休息 1～2h，让他慢慢恢复正常。天凉时要注意保温，并随时观察其呼吸、脉搏变化。条件允许后，送医院进一步检查。

（2）触电者神志不清，判断意识无，有心跳，但呼吸停止或极微弱时，应立即用仰头抬颏法，使其气道开放，并进行口对口人工呼吸。此时切记不能对触电者施行心脏按压。如此时不及时用人工呼吸法抢救，触电者将会因缺氧过久而心跳停止。

（3）触电者神志丧失，判定意识无，心跳停止，但有极微弱的呼吸时，应立即施行心肺复苏法抢救。不能认为尚有微弱呼吸，只需做胸外按压，因为这种微弱呼吸已起不到人体需要的氧交换作用，如不及时进行人工呼吸即会死亡，若能立即施行口对口人工呼吸法和胸外按压，就能抢救成功。

（4）触电者心跳、呼吸停止时，应立即进行心肺复苏法抢救，不得延误或中断。

（5）触电者和雷击伤者心跳、呼吸停止，并伴有其他外伤时，应先迅速进行心肺复苏急救，然后再处理外伤。

（6）发现杆塔上或高处有人触电，要争取时间及早在杆塔上或高处开始抢救。触电者脱离电源后，应迅速将伤员扶卧在救护人的安全带上（或在适当地方躺平），然后根据伤者的意识、呼吸及颈动脉搏动情况来进行前（1）～（5）项不同方式的急救。应提醒的是，高处抢救触电者，迅速判断其意识和呼吸是否存在是十分重要的。若呼吸已停止，开放气道后立即口对口（鼻）吹气 2 次，再测试颈动脉，如有搏动，则每 5s 继续吹气 1 次；若颈动脉无搏动，可用空心拳头叩击心前区 2 次，促使心脏复跳。为使抢救更为有效，应立即设法将伤员营救至地面，并继续按心肺复苏法坚持抢救。具体操作方法如图 F.1 所示。

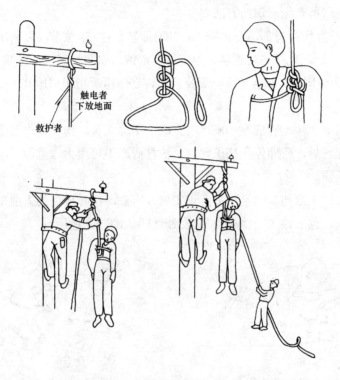

图 F.1　将杆塔上或高处将触电者放下具体操作方法

1）单人营救法。首先在杆上安装绳索，将绳子的一端固定在杆上，固定时绳子要绕 2～3 圈，绳子的另一端放在伤员的腋下，绑的方法：先用柔软的物品垫在腋下，然后用绳子绕 1 圈，打 3 个靠结，绳头塞进伤员腋旁的圈内并压紧；绳子的长度应为杆的 1.2～1.5 倍。最后将伤员的脚扣和安全带松开，再解开固定在电杆上的绳子，缓缓将伤员放下。

2）双人营救法。该方法基本与单人营救方法相同，只是绳子的另一端由杆下人员握住缓缓下放。此时绳子要长一些，应为杆高的 2.2～2.5 倍。营救人员要协调一致，防止杆上人员突然松手、杆下人员没有准备而发生意外。

（7）触电者衣服被电弧光引燃时，应迅速扑灭其身上的火源。着火者切忌跑动，可利用衣服、被子、湿毛巾等扑火，必要时可就地躺下翻滚，使火扑灭。

F.2.3 伤员脱离电源后的处理。

F.2.3.1 判断意识、呼救和体位放置：

（1）判断伤员有无意识的方法。

1）轻轻拍打伤员肩部，高声喊叫，"喂！你怎么啦？"，如图 F.2 所示。

2）如认识，可直呼喊其姓名。如伤员有意识，立即将其送往医院。

3）伤员眼球固定、瞳孔散大，无反应时，立即用手指甲掐压其人中穴、合谷穴约 5s。

注意：以上 3 步动作应在 10s 以内完成，不可太长。伤员如出现眼球活动、四肢活动及疼痛感后，应即停止掐压穴位。拍打肩部不可用力太重，以防加重可能存在的骨折等损伤。

（2）呼救。一旦初步确定伤员意识丧失，应立即招呼周围的人前来协助抢救，哪怕周围无人，也应该大叫"来人啊！救命啊！"如图 F.3 所示。

图 F.2　判断伤员有无意识　　　　　　　　图 F.3　呼救

注意：一定要呼叫其他人来帮忙，因为一个人做心肺复苏不可能坚持较长时间，而且劳累后动作易走样。叫来的人除协助做心肺复苏外，还应立即打电话给救护站或呼叫受过救护训练的人前来帮忙。

（3）放置体位。正确的抢救体位是仰卧位。患者头、颈、躯干平卧无扭曲，双手放于两侧躯干旁。

如伤员摔倒时面部向下，应在呼救同时小心地将其转动，使伤员全身各部成一个整体。尤其要注意保护颈部，可以一手托住颈部，另一手扶着肩部，以脊柱为轴心，使伤员头、颈、躯干平稳地直线转至仰卧，在坚实的平面上，四肢平放，如图 F.4 所示。

图 F.4　放置伤员

注意：抢救者跪于伤员肩颈侧旁，将其手臂举过头，拉直双腿，注意保护颈部。解开伤员上衣，暴露其胸部（或仅留内衣），冷天要注意使其保暖。

F.2.3.2 通畅气道、判断呼吸与人工呼吸。

（1）当发现触电者呼吸微弱或停止时，应立即通畅触电者的气道以促进触电者呼吸或便于抢救。通畅气道主要采用仰头举颏法。即一手置于其前额使头部后仰，另一手的食指与中指置于下颌骨近下颏角处，抬起其下颏，如图 F.5 和图 F.6 所示。

注意：严禁用枕头等物垫在伤员头下；手指不要压迫伤员颈前部、颏下软组织，以防压迫气道；颈部上抬时不要过度伸展；有假牙托者应取出。儿童颈部易弯曲，过度抬颈反而使其气道闭塞，因此不要抬颈牵拉过度。成人头部后仰程度应为 90°，儿童头部后仰程度应为 60°，婴儿头部后仰程度应为 30°，对颈椎有损伤的伤员应采用双下颌上提法。

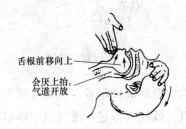

图 F.5　仰头举颏法

图 F.6　抬起下颏法

检查伤员口、鼻腔，如有异物立即用手指清除。

（2）判断呼吸。触电伤员如意识丧失，应在开放气道后 10s 内用看、听、试的方法判定伤员有无呼吸，如图 F.7 所示。

1）看：看伤员的胸、腹壁有无呼吸起伏动作。

2）听：用耳贴近伤员的口鼻处，听有无呼气声音。

3）试：用颜面部的感觉测试伤员口鼻部有无呼气气流。

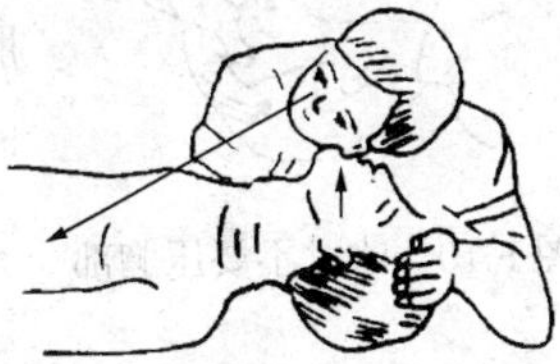

若无上述体征可确定无呼吸。一旦确定无呼吸后，立即进行两次人工呼吸。

图 F.7　看、听、试伤员呼吸

（3）口对口（鼻）呼吸。当判断伤员确实不存在呼吸时，应立即进行口对口（鼻）的人工呼吸，其具体方法是：

1）在保持呼吸通畅的位置下进行。用按于前额一手的拇指与食指，捏住伤员鼻孔（或鼻翼）下端，以防气体从口腔内经鼻孔逸出，施救者深吸一口气屏住并用自己的嘴唇包住（套住）伤员微张的嘴。

2）每次向伤员口中吹（呵）气持续 1～1.5s，同时仔细地观察伤员胸部有无起伏，如无起伏，说明气未吹进，如图 F.8 所示。

3）一次吹气完毕后，应立即与伤员口部脱离，轻轻抬起其头部，面向伤员胸部，吸入新鲜空气，以便做下一次人工呼吸。同时使伤员的口张开，捏鼻的手也可放松，以便伤员从鼻孔通气，观察伤员胸部向下恢复时，则有气流从伤员口腔排出，如图F.9 所示。

图 F.8　口对口吹气

图 F.9　口对口吸气

抢救一开始，应立即向伤员先吹气两口，吹气时胸廓隆起者，人工呼吸有效；吹气无起伏者，则气道通畅不够，或鼻孔处漏气、或吹气不足、或气道有梗阻，应及时纠正。

注意：①每次吹气量不要过大，约 600mL（6～7mL/kg），大于 1200mL 会造成胃扩张。②吹气时不要按压伤员胸部，如图 F.10 所示。③儿童伤员需视年龄不同而异，其吹气量约为 500mL，以胸廓能上抬时为宜。④抢救一开始的首次吹气两次，每次时间 1～1.5s。⑤对有脉搏无呼吸的伤员，则每 5s 吹一口气，每分钟吹气 12 次。⑥口对鼻的人工呼吸，适用于有严重的下颌及嘴唇外伤、牙关紧闭、下颌骨骨折等情况，难

图 F.10　吹时不要压胸部

以采用口对口吹气法的伤员。⑦婴、幼儿急救操作时要注意，因婴、幼儿韧带、肌肉松弛，故头不可过度后仰，以免气管受压，影响气道通畅，可用一手托颈，以保持气道平直；另一方面婴、幼儿口鼻开口均较小，位置又很靠近，抢救者可用口贴住婴、幼儿口与鼻的开口处，施行口对口鼻呼吸。

F.2.3.3　判断伤员有无脉搏与胸外心脏按压。

（1）脉搏判断。在检查伤员的意识、呼吸、气道之后，应对伤员的脉搏进行检查，以判断伤员的心脏跳动情况（非专业救护人员可不进行脉搏检查，对无呼吸、无反应、无意识的伤员应立即实施心肺复苏）。具体方法如下：

1）在开放气道的位置下进行（首次人工呼吸后）。

2）一手置于伤员前额，使其头部保持后仰，另一手在靠近抢救者一侧触摸颈动脉。

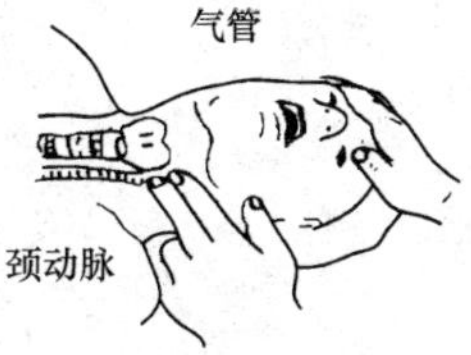

3）可用食指及中指指尖先触及气管正中部位，男性可先触及喉结，然后向两侧滑移 2～3cm，在气管旁软组织处轻轻触摸颈动脉搏动，如图 F.11 所示。

图 F.11　触摸颈动脉搏动

注意：①触摸颈动脉不能用力过大，以免推移颈动脉，妨碍触及；②不要同时触摸两侧颈动脉，造成头部供血中断；③不要压迫气管，造成呼吸道阻塞；④检查时间不要超过 10s；⑤未触及搏动可能是心跳已停止，或触摸位置有错误，触及搏动可能是有脉搏、心跳，或触摸感觉错误（可能将自己手指的搏动感觉为伤员脉搏）；⑥判断应综合审定，如无意识、无呼吸、瞳孔散大、面色紫绀或苍白，再加上触不到脉搏，可以判定心跳已经停止；⑦婴、幼儿因颈部肥胖，颈动脉不易触及，可检查肱动脉。肱动脉位于上臂内侧腋窝和肘关节之间的中点，用食指和中指轻压在内侧，即可感觉到脉搏。

（2）胸外心脏按压。在对心跳停止者未进行按压前，先手握空心拳，快速垂直击打伤员胸前区胸骨中下段 1～2 次，每次 1～2s，力量中等。若无效，则立即实施胸外心脏按压，不能耽误时间。

1）按压部位。胸骨中 1/3 与下 1/3 交界处，如图 F.12 所示。

2）伤员体位。伤员应仰卧于硬板床或地上。如为弹簧床，则应在伤员背部垫一硬板。硬板长度及宽度应足够大，以保证按压胸骨时，伤员身体不会移动。但不可因找寻垫板而延误开始按压的时间。

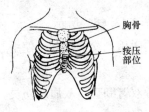

图 F.12　胸外按压位置

3）快速测定按压部位的方法。快速测定按压部位可分 5 个步骤，如图 F.13 所示。

a. 首先触及伤员上腹部，以食指及中指沿伤员肋弓处向中间移滑，如图 F.13（a）所示。

b. 在两侧肋弓交点处寻找胸骨下切迹，以切迹作为定位标志，不要以剑突下定位，如图 F.13（b）所示。

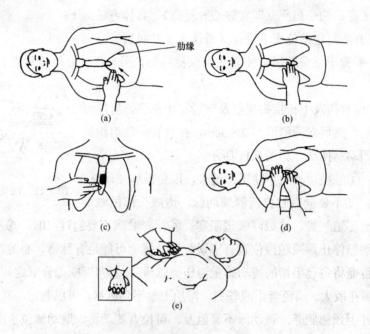

图 F.13　快速测定按压部位

（a）二指沿肋弓向中移滑；（b）切迹定位标志；（c）按压区；
（d）掌根部放在按压区；（e）重叠掌根

c. 然后将食指及中指两横指放在胸骨下切迹上方，食指上方的胸骨正中部即为按压区，如图 F.13（c）所示。

d. 以另一手的掌根部紧贴食指上方，放在按压区，如图 F.13（d）所示。

e. 再将定位之手取下，重叠将掌根放于另一手背上，两手手指交叉抬起，使手指脱离胸壁，如图 F.13（e）所示。

4）按压姿势。正确的按压姿势如图 F.14 所示。抢救者双臂绷直，双肩在伤员胸骨上方正中，靠自身重量垂直向下按压。

5）按压用力方式如图 F.15 所示。

a. 按压应平稳、有节律地进行，不能间断。

b. 不能冲击式地猛压。

c. 下压及向上放松的时间应相等，如图 F.15 所示。压按至最低点处，应有一明显的停顿。

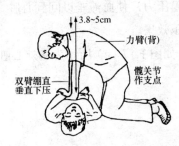

图 F.14 正确的按压姿势

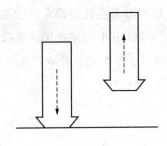

图 F.15 按压用力方式

d. 垂直用力向下，不要左右摆动。

e. 放松时定位的手掌根部不要离开胸骨定位点，但应尽量放松，务使胸骨不受任何压力。

6）按压频率。按压频率应保持在 100 次/min。

7）按压与人工呼吸比例。按压与人工呼吸的比例关系通常是，成人为 30:2，婴儿、儿童为 15:2。人工呼吸与胸外按压同时进行的双人复苏法如图 F.16 所示。

8）按压深度。通常，成人伤员为 4～5cm，5～13 岁伤员为 3cm，婴幼儿伤员为 2cm。

9）胸外心脏按压常见的错误。

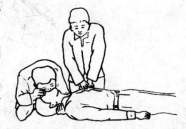

图 F.16 双人复苏法

a. 按压除掌根部贴在胸骨外，手指也压在胸壁上，这样容易引起骨折（肋骨或肋软骨）。

b. 按压定位不正确。向下易使剑突受压折断而致肝破裂。向两侧易致肋骨或肋软骨骨折，导致气胸、血胸。

c. 按压用力不垂直，导致按压无效或肋软骨骨折，特别是摇摆式按压更易出现严重并发症，如图 F.17（a）所示。

d. 抢救者按压时肘部弯曲，因而用力不够，按压深度达不到 3.8～5cm，如图 F.17（b）所示。

e. 冲击式按压，猛压，其效果差，且易导致骨折。

f. 放松时抬手离开胸骨定位点，造成下次按压部位错误，引起骨折。

g. 放松时未能使胸部充分松弛，胸部仍承受压力，使血液难以回到心脏。

h. 按压速度不自主地加快或减慢，影响按压效果。

i. 双手手掌不是重叠放置，而是交叉放置。如图 F.17（c）所示为胸外心脏按压常见错误。

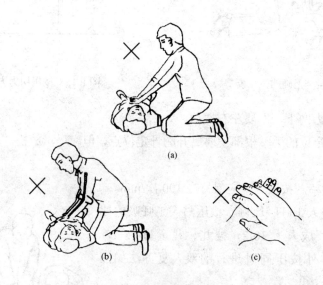

图 F.17　胸外心脏按压常见错误

（a）按压用力不垂直；（b）按压深度不够；（c）双手掌交叉位置

F.2.4　心肺复苏法综述。

F.2.4.1　操作过程有以下步骤：

（1）首先判断昏倒的人有无意识。

（2）如无反应，立即呼救，叫"来人啊！救命啊！"等。

（3）迅速将伤员放置为仰卧位，并放在地上或硬板上。

（4）开放气道（①仰头举颏或颌；②清除口、鼻腔异物）。

（5）判断伤员有无呼吸（通过看、听和感觉来进行）。

（6）如无呼吸，立即口对口吹气两口。

（7）保持头后仰，另一手检查颈动脉有无搏动。

（8）如有脉搏，表明心脏尚未停跳，可仅做人工呼吸，每分钟 12～16 次。

（9）如无脉搏，立即在正确定位下在胸外按压位置进行心前区叩击 1~2 次。

（10）叩击后再次判断有无脉搏，如有脉搏即表明心跳已经恢复，可仅做人工呼吸即可。

（11）如无脉搏，立即在正确的位置进行胸外按压。

（12）每做 30 次按压，需做 2 次人工呼吸，然后再在胸部重新定位，再做胸外按压，如此反复进行，直到协助抢救者或专业医务人员赶来。按压频率为 100 次/min。

（13）开始 2min 后检查一次脉搏、呼吸、瞳孔，以后每 4~5min 检查一次，检查不超过 5s，最好由协助抢救者检查。

（14）如有担架搬运伤员，应该持续做心肺复苏，中断时间不超过 5s。

F.2.4.2 心肺复苏操作的时间要求：

0~5s：判断意识。

5~10s：呼救并放好伤员体位。

10~15s：开放气道，并观察呼吸是否存在。

15~20s：口对口呼吸 2 次。

20~30s：判断脉搏。

30~50s：进行胸外心脏按压 30 次，并再人工呼吸 2 次，以后连续反复进行。

以上程序尽可能在 50s 以内完成，最长不宜超过 1min。

F.2.4.3 双人复苏操作要求：

（1）两人应协调配合，吹气应在胸外按压的松弛时间内完成。

（2）按压频率为 100 次/min。

（3）按压与呼吸比例为 30:2，即 30 次心脏按压后，进行 2 次人工呼吸。

（4）为达到配合默契，可由按压者数口诀"1、2、3、4、…、29、吹"，当吹气者听到"29"时，做好准备，听到"吹"后，即向伤员嘴里吹气，按压者继而重数口诀"1、2、3、4、…、29、吹"，如此周而复始循环进行。

（5）人工呼吸者除需通畅伤员呼吸道、吹气外，还应经常触摸其颈动脉和观察瞳孔等。

F.2.4.4 心肺复苏法注意事项：

（1）吹气不能在向下按压心脏的同时进行。数口诀的速度应均衡，避免快慢不一。

（2）操作者应站在触电者侧面便于操作的位置。单人急救时应站立在触电者的肩部位置；双人急救时，吹气人应站在触电者的头部，按压心脏者应站在触电者胸部、与吹气者相对的一侧。

（3）人工呼吸者与心脏按压者可以互换位置、互换操作，但中断时间不超过 5s。

（4）第二抢救者到现场后，应首先检查颈动脉搏动，然后再开始做人工呼吸。如心脏按压有效，则应触及搏动，如不能触及，应观察心脏按压者的技术操作是否正确，必要时应增加按压深度及重新定位。

（5）可以由第三抢救者及更多的抢救人员轮换操作，以保持精力充沛、姿势正确。

F.2.5 心肺复苏的有效指标、转移和终止。

F.2.5.1 心肺复苏的有效指标。

心肺复苏术操作是否正确，主要靠平时严格训练，掌握正确的方法。而在急救中判断复苏是否有效，可以根据以下 5 方面综合考虑：

（1）瞳孔。复苏有效时，可见伤员瞳孔由大变小。如瞳孔由小变大、固定、角膜混浊，则说明复苏无效。

（2）面色（口唇）。复苏有效时，可见伤员面色由紫绀转为红润，如若变为灰白，则说明复苏无效。

（3）颈动脉搏动。按压有效时，每一次按压可以摸到一次搏动，如若停止按压，搏动也消失，应继续进行心脏按压；如若停止按压后，脉搏仍然跳动，则说明伤员心跳已恢复。

（4）神志。复苏有效时，可见伤员有眼球活动，睫毛反射与对光反射出现，甚至手脚开始抽动，肌张力增加。

（5）出现自主呼吸。伤员自主呼吸出现，并不意味可以停止人工呼吸。如果自主呼吸微弱，仍应坚持口对口呼吸。

F.2.5.2 转移和终止。

（1）转移。在现场抢救时，应力争抢救时间，切勿为了方便或让伤员舒服去移动伤员，从而延误现场抢救的时间。

现场心肺复苏应坚持不断地进行，抢救者不应频繁更换，即使送往医院途中也应继续进行。鼻导管给氧绝不能代替心肺复苏术。如需将伤员由现场移往室内，中断操作时间不得超过 7s；通道狭窄、上下楼层、送上救护车等时，操作中断不得超过 30s。

将心跳、呼吸恢复的伤员用救护车送医院时，应在伤员背部放一块长、宽适当的硬板，以备随时进行心肺复苏。将伤员送到医院而专业人员尚未接手前，仍应继续进行心肺复苏。

（2）终止。何时终止心肺复苏是一个涉及医疗、社会、道德等方面的问题。不论在什么情况下，终止心肺复苏，取决于医生，或医生组成的抢救组的首席医生，否则不得放弃抢救。高压或超高压电击的伤员心跳、呼吸停止，更不应随意放弃抢救。

F.2.5.3 电击伤伤员的心脏监护。

被电击伤并经过心肺复苏抢救成功的电击伤员，都应让其充分休息，并在医务人员指导下进行不少于 48h 的心脏监护。因为伤员在被电击过程中，会因电压、电流、频率的直接影响和组织损伤而产生高钾血症，也会由于缺氧等因素引起心肌损害和心律失常，经过心肺复苏抢救，在心跳恢复后，有的伤员还可能会出现"继发性心脏跳动停止"，故应进行心脏监护，以对高钾血症和心律失常的伤员及时予以治疗。

对前面详细介绍的各项操作，现场心肺复苏法应进行的抢救步骤可归纳如图 F.18 所示。

F.2.6 抢救过程注意事项。

F.2.6.1 抢救过程中的再判定：

（1）按压吹气 2min 后（相当于单人抢救时做了 5 个 30:2 压吹循环），应用看、听、试方法在 5～10s 时间内完成对伤员呼吸和心跳是否恢复的再判定。

（2）若判定颈动脉已有搏动但无呼吸，则暂停胸外按压，而再进行 2 次口对口人工呼吸，接着每 5s 吹气一次（即每分钟 12 次）。如脉搏和呼吸均未恢复，则继续坚持心肺复苏法抢救。

（3）抢救过程中，要每隔数分钟再判定一次，每次判定时间均不得超过 5～10s。在医务人员未接替抢救前，现场抢救人员不得放弃现场抢救。

F.2.6.2 现场触电抢救，对采用肾上腺素等药物应持慎重态度。如没有必要的诊断设备条件和足够的把握，不得乱用。在医院内抢救触电者时，由医务人员经医疗仪器设备诊断，根据诊断结果决定是否采用。

F.3 创伤急救

F.3.1 创伤急救的基本要求。

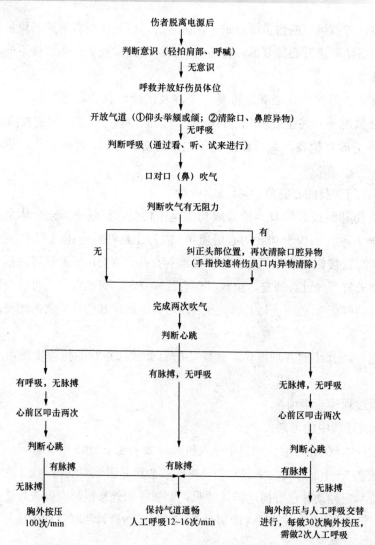

图 F.18 现场心肺复苏的抢救步骤

F.3.1.1 创伤急救原则上是先抢救、后固定、再搬运，并注意采取措施，防止伤情加重或污染。需要送医院救治的，应立即做好保护伤员措施后送医院救治。急救成功的条件是动作快、操作正确，任何延迟和误操作均可加重伤情，并可导致死亡。

F.3.1.2 抢救前先使伤员安静躺平，判断其全身情况和受伤程度，如有无出血、骨折和休克等。

F.3.1.3　外部出血立即采取止血措施，防止失血过多而休克。外观无伤但呈休克状态、神志不清或昏迷者，要考虑胸腹部内脏或脑部受伤的可能性。

F.3.1.4　为防止伤口感染，应用清洁布片覆盖。救护人员不得用手直接接触伤口，更不得在伤口内填塞任何东西或随便用药。

F.3.1.5　搬运时应使伤员平躺在担架上，腰部束在担架上，防止跌下。平地搬运时伤员头部在后，上楼、下楼、下坡时头部在上。搬运中应严密观察伤员，防止伤情突变。搬运伤员的方法如图 F.19 所示。

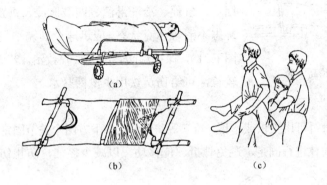

图 F.19　搬运伤员的方法

（a）正常担架；（b）临时担架及木板；（c）错误搬运

F.3.1.6　若怀疑伤员有脊椎损伤（高处坠落者），在放置体位及搬运时必须保持脊柱不扭曲、不弯曲，应使伤员平卧在硬质平板上，并设法用沙土袋（或其他代替物）放置在其头部及躯干两侧以适当固定，以免引起截瘫。

F.3.2　止血。

F.3.2.1　伤口渗血时用较伤口稍大的消毒纱布数层覆盖伤口，然后进行包扎。

　　若包扎后仍有较多渗血，可再加绷带适当加压止血。

F.3.2.2　伤口出血呈喷射状或鲜红血液涌出时，立即用清洁手指压迫出血点上方（近心端），使血流中断，并将出血肢体抬高或举高，以减少出血量。

F.3.2.3　用止血带或弹性较好的布带等止血时（见图 F.20），应先用柔软布片或伤员的衣袖等数层垫在止血带下面，再扎紧止血带

图 F.20　止血带

以刚使肢端动脉搏动消失为度。上肢每 60min、下肢每 80min 放松一次，每次放松 1～2min。开始扎紧与每次放松的时间均应书面标明在止血带旁。扎紧时间不宜超过 4h。不要在上臂中 1/3 处和腋窝下使用止血带，以免损伤神经。若放松时观察已无大出血可暂停使用。

F.3.2.4 严禁用电线、铁丝、细绳等作止血带使用。

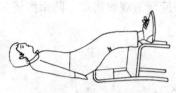

图 F.21 抬高下肢

F.3.2.5 高处坠落、撞击、挤压可能有胸腹内脏破裂出血。受伤者外观无出血但常表现为面色苍白、脉搏细弱、气促、冷汗淋漓、四肢厥冷、烦躁不安，甚至神志不清等休克状态，应迅速令其躺平，抬高下肢（见图 F.21），保持温暖，速送医院救治。若送院途中时间较长，可给伤员饮用少量糖盐水。

F.3.3 骨折急救。

F.3.3.1 肢体骨折可用夹板或木棍、竹竿等将断骨上、下方两个关节固定（见图 F.22），也可利用伤员身体进行固定，避免骨折部位移动，以减少疼痛，防止伤势恶化。

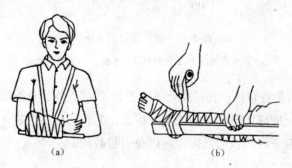

(a) (b)

图 F.22 骨折固定方法
(a) 上肢骨折固定；(b) 下肢骨折固定

开放性骨折伴有大出血者，先止血、再固定，并用干净布片覆盖伤口，然后速送医院救治。切勿将外露的断骨推回伤口内。

F.3.3.2 疑有颈椎损伤时，在使伤员平卧后，用沙土袋（或其他代替物）放置于其头部两侧（见图 F.23），使颈部固定不动。应进行口对口呼吸时，只能采用抬颏使气道通畅，不能

图 F.23 颈椎骨折固定

再将头部后仰移动或转动头部，以免引起截瘫或死亡。

F.3.3.3 腰椎骨折应使伤员平卧在平硬木板上，并将其腰椎躯干及两侧下肢一同进行固定，预防瘫痪（见图 F.24）。搬动时应数人合作，保持平稳，不能扭曲。

图 F.24 腰椎骨折固定

F.3.4 颅脑外伤。

F.3.4.1 应使伤员采取平卧位，保持气道通畅。若有呕吐，应扶好伤员头部和身体，使其头部和身体同时侧转，防止呕吐物造成窒息。

F.3.4.2 耳鼻有液体流出时，不要用棉花堵塞，只可轻轻拭去，以利降低颅内压力。也不可用力擤鼻，排除鼻内液体，或将液体再吸入鼻内。

F.3.4.3 颅脑外伤时，病情可能复杂多变，禁止给予饮食，速送医院诊治。

F.3.5 烧伤急救。

F.3.5.1 电灼伤、火焰烧伤或高温气、水烫伤均应保持伤口清洁。将伤员的衣服鞋袜用剪刀剪开后除去。伤口全部用清洁布片覆盖，防止污染。四肢烧伤时，先用清洁冷水冲洗，然后用清洁布片或消毒纱布覆盖并送往医院。

F.3.5.2 强酸或碱灼伤应迅速脱去被溅染衣物，现场立即用大量清水彻底冲洗，要彻底，然后用适当的药物给予中和；冲洗时间不少于 10min。被强酸烧伤应用 5%碳酸氢钠（小苏打）溶液中和；被强碱烧伤应用 0.5%～5%醋酸溶液或 5%氯化铵或 10%柠檬酸液中和。

F.3.5.3 未经医务人员同意，灼伤部位不宜敷搽任何东西和药物。

F.3.5.4 送医院途中，可给伤员多次少量口服糖盐水。

F.3.6 冻伤急救。

F.3.6.1 冻伤使肌肉僵直，严重者深及骨骼，在救护搬运过程中动作要轻柔，不要强使其肢体弯曲活动，以免加重损伤，应使用担架，将伤员平卧并抬至温暖室内救治。

F.3.6.2 将伤员身上潮湿的衣服剪去后用干燥柔软的衣服覆盖，不得烤火或搓雪。

F.3.6.3 全身冻伤者呼吸和心跳有时十分微弱，不应误判为死亡，应努力抢救。

F.3.7 动物咬伤急救。

F.3.7.1 被毒蛇咬伤后，不要惊慌、奔跑、饮酒，以免加速蛇毒在人体内扩散。

（1）咬伤大多在四肢，应迅速从伤口上端向下方反复挤出毒液，然后在伤口上方（近心端）用布带扎紧，将伤肢固定，避免活动，以减少毒液的吸收。

（2）有蛇药时可先服用，再送往医院救治。

F.3.7.2 犬咬伤。

（1）犬咬伤后应立即用浓肥皂水或清水冲洗伤口至少 15min，同时用挤压法自上而下将残留在伤口内的唾液挤出，然后再用碘酒涂搽伤口。

（2）少量出血时，不要急于止血，也不要包扎或缝合伤口。

（3）尽量设法查明该犬是否为"疯狗"，对医院制订治疗计划有较大帮助。

F.3.8 溺水急救。

F.3.8.1 发现有人溺水应设法迅速将其从水中救出，呼吸心跳停止者用心肺复苏法坚持抢救。曾受水中抢救训练者在水中即可进行抢救。

F.3.8.2 口对口人工呼吸因异物阻塞发生困难，而又无法用手指除去时，可用两手相叠，置于脐部稍上正中线上（远离剑突）迅速向上猛压数次，使异物退出，但也不能用力太大。

F.3.8.3 溺水死亡的主要原因是窒息缺氧。由于淡水在人体内能很快经循环吸收，而气管能容纳的水量很少，因此在抢救溺水者时不应"倒水"而延误抢救时间，更不应仅"倒水"而不用心肺复苏法进行抢救。

F.3.9 高温中暑急救。

F.3.9.1 烈日直射头部，环境温度过高，饮水过少或出汗过多等可以引起中暑现象，其症状一般为恶心、呕吐、胸闷、眩晕、嗜睡、虚脱，严重时抽搐、惊厥甚至昏迷。

F.3.9.2 应立即将病员从高温或日晒环境转移到阴凉通风处休息。用冷水擦浴、湿毛巾覆盖身体、电扇吹风或在头部置冰袋等方法降温，并及时给病员口服盐水。严重者送医院治疗。

F.3.10 有害气体中毒急救。

F.3.10.1 气体中毒开始时有流泪、眼痛、呛咳、咽部干燥等症状，应引起警惕。稍重时会头痛、气促、胸闷、眩晕。严重时会引起惊厥昏迷。

F.3.10.2 怀疑可能存在有害气体时，应立即将人员撤离现场，转移到通风良好处休息。抢救人员进入危险区应戴防毒面具。

F.3.10.3 已昏迷病员应保持其气道通畅，有条件时给予氧气吸入。呼吸心跳停止者，按心肺复苏法抢救，并联系医院救治。

F.3.10.4 迅速查明有害气体的名称，供医院及早对症治疗。